"行业消防安全检查"
系列丛书

公众聚集场所消防安全检查

王献忠◎主编

王飞　瞿婷婷◎副主编

吉林出版集团股份有限公司
全国百佳图书出版单位

图书在版编目（CIP）数据

公众聚集场所消防安全检查 / 王献忠主编；王飞，瞿婷婷副主编. -- 长春：吉林出版集团股份有限公司，2024.5

（"行业消防安全检查"系列丛书）

ISBN 978-7-5731-4966-4

Ⅰ.①公… Ⅱ.①王… ②王… ③瞿… Ⅲ.①公共场所－消防－安全检查 Ⅳ.①TU998.1

中国国家版本馆CIP数据核字（2024）第097129号

GONGZHONG JUJI CHANGSUO XIAOFANG ANQUAN JIANCHA

公众聚集场所消防安全检查

主　　编	王献忠	
副 主 编	王　飞　瞿婷婷	
责任编辑	王丽媛	
装帧设计	清　风	

出　　版	吉林出版集团股份有限公司	
发　　行	吉林出版集团社科图书有限公司	
地　　址	吉林省长春市南关区福祉大路5788号　邮编：130118	
印　　刷	吉林省吉美印刷有限责任公司	
电　　话	0431-81629711（总编办）	
抖 音 号	吉林出版集团社科图书有限公司　37009026326	

开　　本	710 mm×1000 mm　1 / 16	
印　　张	11.25	
字　　数	220千字	
版　　次	2024 年 5 月第 1 版	
印　　次	2024 年 5 月第 1 次印刷	

书　　号	ISBN 978-7-5731-4966-4	
定　　价	68.00 元	

如有印装质量问题，请与市场营销中心联系调换。0431-81629729

"行业消防安全检查"系列丛书
编委会名单

主　编　王献忠

副主编　王　飞　瞿婷婷

成　员　宋立明　常　鹏　邱　丽

　　　　杜　宇　田　野　殷晓春

　　　　袁　野　王　超　王霄鹤

　　　　孟庆刚

序　言

　　为进一步加强行业部门的消防安全管理工作，依据《中华人民共和国消防法》《吉林省消防条例》《消防安全责任制实施办法》和有关部门规章等法律法规、文件政策和技术标准，吉林省消防救援委员会办公室组织编写了"行业消防安全检查"系列丛书（以下简称"本丛书"）。本丛书分析了典型场所的突出火灾风险，整理和归纳了行业部门实施行业监管，社会单位开展防火检查巡查的步骤、方法和重点检查内容，旨在推动行业部门消防安全监管能力和社会单位自主管理能力实现有效提升。

　　本丛书所列内容仅作日常工作参考，其他未尽事项以相关法律法规的规定和技术规范的要求为准。

CONTENTS **目 录**

第一部分
宾馆消防安全检查

第一章　宾馆主要火灾风险

宾馆也称为旅店、酒店，主要的功能是提供住宿，同时兼具餐饮、娱乐、健身、会议、购物服务等多功能或部分功能。其主要火灾风险如下：

第一节　起火风险

一、明火源风险

1. 顾客及员工违规吸烟，随意丢弃未熄灭的烟头；小孩使用打火机、火柴等玩火。

2. 违规使用明火、点蜡、焚香；违规燃放烟花等。

3. 宾馆内的餐饮场所厨房使用明火不慎、油锅过热起火；临时增设灶台使用明火；违规使用瓶装液化石油气及甲、乙类液体燃料。

4. 宾馆内的用餐区域、开放式食品加工区违规使用明火加工食品。

5. 违规进行电焊、气焊、切割等明火作业。

二、电气火灾风险

1. 宾馆内电气线路敷设不符合要求，电气线路老化、绝缘层破损、线路受潮、水浸；电气线路存在过热、锈蚀、烧损、熔焊、电腐蚀等痕迹，造成漏电、短路、超负荷等问题。

2. 电气线路选型不当、连接不可靠；电气线路、电源插座、开关安装敷设在可燃材料上；线路与插座、开关连接处松动，插头与插套接触处松动。

3. 宾馆场所内的游戏机、游艺设备、冷柜等大功率用电设备及其电气线路安装敷设不符合要求，外部电源线采用移动式插座连接；用电设备停、送电不规范，线路实际荷载超过额定荷载；应急电源运行异常或无法实现切换，蓄电池超期使用、容量不足。

4. 选用或购买不符合国家标准的插座、充电器、用电设备等电器产品；违规使用挂烫机、电熨斗、除湿器、烘干器、电加热茶壶、电磁炉、热水器、微波炉、咖啡机、电饭煲、电暖器等大功率电器。

5. 宾馆内使用的空调、除湿、加湿等装置长时间通电，未落实消防安全措施。

6. 仓库内电气线路敷设不规范，违规使用卤钨灯等高温灯具，电气线路未穿管保护，照明灯具未按要求安装防护罩。

7. 节日期间临时加装的亮化灯具、LED显示屏、灯箱、用电设备超出线路荷载；大型用电设备及其电缆线路未定期检测维护；防雷、防静电设施未定期检测维护，确保完好有效。

8. 宾馆场所弱电井、强电井内强电与弱电线路交织；配电箱未按要求安装漏电保护装置，强弱电线路共用一个配电箱，配电箱线路出现温度过高现象，配电箱周围堆放易燃可燃物品。

9. 电动自行车违规在宾馆内停放、充电，员工将电动自行车蓄电池带至营业区、办公区、休息区充电。

10. 宾馆场所内外墙广告牌、灯箱破损或密封不严，电气线路敷设不规范，因漏风渗水问题引发电气故障。外墙、室内场所霓虹灯、装饰灯及其电气线路、控制器、变压器直接敷设安装在易燃可燃材料上，未采取隔热防火措施。

三、可燃物风险

1. 宾馆场所内部违规采用聚氨酯、聚苯乙烯、海绵、毛毯、木板等易燃可燃材料装饰装修。

2. 节日及大型活动期间为营造气氛大量采用易燃可燃材料装饰，如易燃可燃物挂件、塑料仿真树木、玻璃钢模型道具、海洋球、氢气球等各类装饰造型等。

3. 宾馆内设置的宴会厅等临时演出、展览等场所违规采用易燃可燃材料搭建；宾馆场所内外及屋面违规搭建易燃可燃夹芯材料彩钢板房。

4. 宾馆的库房或布草间等场所大量易燃可燃物品随意堆放，违规存放酒精等易燃易爆物品。

5. 宾馆建筑外墙外保温材料的燃烧性能不符合要求，外保温材料防护层脱落、破损、开裂，外保温系统防火分隔、防火封堵措施失效。

6. 建筑垃圾、可燃杂物未及时清理，随意堆放在屋顶、楼梯间、疏散走道、地下室、设备用房、电缆井、管道井等区域。

第二节　火灾状态下人员安全疏散风险

1. 宾馆内设置的宴会厅、娱乐场所经常停留人数超过疏散人数，展销、演出等活动参加人数超过疏散人数。违规设置员工宿舍，违规增设夹层、隔间作为人员休息区域。

2. 与住宅违规合用疏散楼梯、安全出口。与宾馆场所连通的商住楼、办公楼、城市轨道交通等共用的疏散走道、安全出口违规堵塞、占用、封闭，各单位之间未建立火灾联动应急疏散机制，影响人员疏散。

3. 应急广播系统不能正常使用，疏散提示内容不清晰、不准确，不能向全区域播送；室内应急照明数量不足、亮度不够；疏散指示标识设置不符合要求或被遮挡。

4. 违规在用于安全疏散的安全区内增设商业摊位、游乐设施、展览展示场所；避难层、避难间、避难走道被占用，未设置明显的指示标识。

5. 安全出口、疏散通道占用、堵塞、封闭，安全出口、疏散通道处设置的门禁系统在火灾时无法正常开启，未在显著位置设置安全出口标识和使用提示，发生火灾时顾客及员工难以及时选择安全的疏散路线逃生。

6. 宾馆内各经营主体营业时间不一致时，未采取确保各场所人员安全疏散的措施；宾馆内设置的酒吧等夜间营业的公共娱乐场所未落实保证夜间安全疏散的措施。

7. 防烟楼梯间及前室常闭式防火门处于常开状态，防烟阻火及正压送风功能受到影响，人员无法利用防烟楼梯间安全逃生。

8. 宾馆场所未制订灭火和应急疏散预案，未明确各防火分区或楼层区域的志愿消防员、疏散引导员，未定期组织开展应急疏散演练，发生火灾时组织安全疏散混乱无序。

9. 发生火灾后，防排烟设施不能及时有效启动，排烟窗无法正常开启，防烟分区功能设施被破坏，导致起火区域有毒高温烟气快速蔓延。

10. 环形消防车道、消防车登高操作场地被占用；消防救援窗口无明显标识或外侧被广告牌和铁栅栏遮挡，内侧被障碍物堵塞，影响灭火救援。

第三节　火灾蔓延扩大风险

1. 违规搭建库房、变电站、锅炉房、调压站等设备用房，或临时搭建车棚、广告牌、连廊等占用防火间距。

2. 违规改变宾馆场所内的防火防烟分区，防火防烟分区处的防火墙、防火门、防火窗、防火玻璃墙、防火卷帘、挡烟垂壁等未保持完好有效。尤其是防火卷帘不能正常联动，发生火灾后极易造成蔓延扩大。

3. 与宾馆相连的住宅楼、办公楼、城市轨道交通等其他功能建筑相互间的防火分隔措施失效。

4. 宾馆场所内管道井、电缆井、玻璃幕墙和防烟、排烟、供暖、通风、空调管道未做好横向、竖向防火封堵，变形缝、伸缩缝防火封堵不到位。

5. 宾馆场所内火灾自动报警系统、自动灭火系统、消火栓系统、防烟排烟系统等消防设施运行不正常，发生火灾后不能早期预警、快速处置。

擅自改变联动控制程序，导致部分设施无法联动启动。

6. 未落实特殊消防设计专家评审意见或擅自改变设计要求。

第四节　重点部位火灾风险

一、宾馆内的歌舞游艺等娱乐场所

1. 包间内违规燃放冷烟花、使用蜡烛照明。

2. 节日期间临时加装的串串灯、轮廓灯等电气线路直接敷设在可燃物上。

3. 营业结束时未安排专人进行防火巡查，切断非必要电源，清除火种。

4. 空气清新剂、杀虫剂、含酒精的消毒用品以及高度酒类等储存不当，与用电设备、加热器具等未保持安全距离。

5. 休息厅、包厢内的沙发、软包等违规采用易燃可燃材料装修装饰。

6. 夜间错时营业时，与其他功能区域共用的疏散楼梯不能保证疏散要求；与其他功能区域防火分隔不符合要求。

7. 位于袋形走道两端的房间疏散距离不符合要求。

8. 门厅醒目位置未设置楼层平面疏散示意图，每个包厢门口未设置平面疏散示意图；疏散走道采用镜面反光材料；应急照明灯具数量和照度不足。

9. 包房内未设置开机消防提示画面，不能紧急切换播放火灾逃生提示画面、广播。

10. 员工组织疏散能力不足，不掌握应急处置程序措施。

二、宴会厅、会议中心等多功能厅

1. 投影仪、多媒体等演示设备的电气线路敷设不符合要求。

2. 装修装饰材料燃烧性能等级达不到要求。

3. 安全出口和疏散走道数量、宽度不足，会议中心隔间占用疏散走道、安全出口。

4. 隔间、隔断等装饰物遮挡、圈占消防设施。

5. 隔间的防火分隔不符合要求。

6. 未按照标准配备消防设施设备。

三、餐饮场所

1. 厨房排油烟罩、油烟道未定期清洗；厨房内未按要求设置可燃气体探测报警装置、厨房自动灭火系统、燃气紧急切断装置。

2. 违规使用瓶装液化石油气以及甲、乙类液体燃料；超过一定面积的地下餐饮场所违规使用燃气；餐饮区违规使用木炭、卡式炉、酒精炉等明火加热食物。

3. 厨房燃气用具的安装使用及其管路敷设、维护保养和检测不符合要求；燃气软管与灶具及供气管连接处未使用卡箍固定，非金属软管靠近明火或高温区域。

4. 使用电加热设施设备烹饪食品的，电气线路未安装漏电保护装置；电加热的大功率烹饪器具线路敷设不规范。

5. 包厢大面积采用软包装修，装修材料的燃烧性能不符合要求；厨房装修材料的燃烧性能不符合要求。

6. 餐厅桌椅摆放占用疏散通道、安全出口；擅自增改包厢占用疏散通道；餐饮场所后场区域被占用影响疏散。

7. 厨房与其他区域的防火分隔不到位；炉灶、烟道等设施与可燃物之间未采取隔热或散热等防火措施。

8. 营业结束后厨房未落实关火、关电、关气等措施；厨房员工不会操作使用灭火器、灭火毯、厨房自动灭火系统等消防设施器材，不会紧急切断电源、气源。

四、仓储场所

1. 违规使用明火照明、采暖或带入火种。

2. 电气线路敷设不规范，使用卤钨灯等高温照明灯具且未与储存货物保持安全距离，提升、码垛等机械设备产生火花等部位未安装防护罩；违规使用电暖器、电加热设备。

3. 擅自改变仓储场所的使用性质或提高储存物品的火灾危险性类别，违规存放易燃易爆物品。

4. 物品未分类、分垛、分间、分库储存，不符合顶距、灯距、墙距、柱距、堆距的"五距"要求。

5. 违规采用易燃可燃材料彩钢板搭建仓储场所和临时用房；违规在仓储场所内设置员工宿舍；违规搭建阁楼、分隔小间等。

6. 与其他场所之间的防火分隔不符合要求。

7. 货柜、储存的物品遮挡消防设施。

8. 随意将其他场所分隔用作临时仓储使用，未按要求设置必要的消防设施。

五、汽车库

1. 电动汽车充电桩的设置不符合有关标准规定。

2. 汽车库内电动自行车违规停放、充电。

3. 擅自改变汽车库使用性质和增加停车位。

4. 汽车出入口设置的电动卷帘，断电后不具备手动开启功能。

5. 减少、锁闭和封堵汽车库防火分区内人员疏散出口。

6. 消防设施设置位置和高度不合理，被拆除或撞损未修复。

六、施工现场

1. 施工现场消防安全管理制度不落实，未按要求设置灭火器等消防器材；施工部位与其他部位之间未采取防火分隔措施。

2. 动火作业未办理动火证，作业人员不具有相应资格。

3. 焊接、切割、烘烤或加热等动火作业前，未对周边可燃物进行清理，未封堵作业周边孔洞、缝隙，未落实现场监护措施。

4. 施工时破坏防火分隔、堵塞疏散通道，关停或遮挡消防设施；作业场所临时用电线路敷设不符合要求。

5. 施工区域未设置视频监控系统。

七、制冷设备

1. 电气线路敷设不规范，超负荷使用大功率用电设备。

2. 制冷设备24小时通电，未定期检测电气线路、制冷设备。

3. 电气线路直接敷设或穿越保温材料，未穿阻燃管。

4. 冷库、冷藏室内采用泡沫等易燃可燃材料保温隔热。

5. 与其他功能区域防火分隔不符合要求。

八、配电室

1. 直流屏蓄电池电压、浮充电流不正常；配电柜开关触头存在变形、变色、热蚀等不正常现象；配电柜内温度过高，高温排热扇不能正常启动运行。

2. 变压器存在异响，温控器指示不正常，超温时风机不能正常启动，电流、电压超出正常额定范围。

3. 配电室内建筑消防设施设备的配电柜、配电箱无明显标识；消防联动模块放置在强电控制柜内。

4. 配电室开向建筑内的门未采用甲级防火门；配电室内堆放可燃杂物；配电室内的应急照明照度不足。

5. 配电室值班人员不掌握火灾状况下切断非消防设备供电、确保消防设备正常供电的操作方法。

6. 配电室内的气体灭火系统驱动装置电磁阀保险销处于止动状态，配电室未按要求配置灭火器。

九、柴油发电机房

1. 柴油发电机润滑油位、过滤器、燃油量、蓄电池电位、控制箱不正常。

2. 机房内储油间总储存量大于1m^3，防火隔墙上开设的门未采用甲级防火门。

3. 储油间通气管未通向室外，未设置带阻火器的呼吸阀，油箱下部未设置防止油品流散的措施。

4. 发电机未定期维护保养，未落实每月至少启动一次要求。

5. 未采用防爆型灯具；事故排风装置未保持完好。

6. 柴油发电机房堆放可燃杂物。

十、锅炉房

1. 燃气锅炉房内未设置可燃气体探测报警装置，不能联动控制锅炉房燃烧器上的燃气速断阀、供气管道的紧急切断阀和通风换气装置，未设置泄压设施。

2. 燃油锅炉房储油间轻柴油总储存量大于$1m^3$，防火隔墙上开设的门未采用甲级防火门。

3. 未采用防爆型灯具；事故排风装置未保持完好。

4. 锅炉房设置在宾馆内人员密集场所的上、下层或毗邻位置，以及主要通道、疏散出口的两侧。

第二章 宾馆消防安全检查要点

第一节 消防安全管理

一、消防档案

（一）消防档案要求

消防档案应包括消防安全基本情况和消防安全管理情况，档案内容翔实，能全面反映单位消防基本情况，并附有必要的图表，根据实际情况及时更新。

（二）消防安全基本情况档案

1. 建筑的基本概况和消防安全重点部位情况。

2. 所在建筑消防设计审查、消防验收或消防设计、消防验收备案相关资料。

3. 消防组织和各级消防安全责任人。

4. 微型消防站设置及人员、消防装备配备情况。

5. 相关租赁合同。

6. 消防安全管理制度和保证消防安全的操作规程，灭火和应急疏散预案。

7. 消防设施、灭火器材配置情况。

8. 专职消防队、志愿消防队人员及其消防装备配备情况。

9. 消防安全管理人、自动消防设施操作人员、电气焊工、电工、易燃

易爆危险品操作人员的基本情况。

10. 新增消防产品质量合格证，新增建筑材料和室内装修、装饰材料的防火性能证明文件。

（三）消防安全管理情况档案

1. 消防安全例会记录或会议纪要、决定。

2. 消防救援机构填发的各种法律文书。

3. 消防设施定期检查记录、自动消防设施全面检查测试的报告、单位与具有相关资质的消防技术服务机构签订维护保养合同以及维修保养的记录（记录要有消防技术服务机构公章和人员签字）。

4. 火灾隐患、重大火灾隐患及其整改情况记录。

5. 消防控制室值班记录。

6. 防火检查、巡查记录。

7. 有关燃气、电气设备检测，动火审批，厨房烟道清洗等工作的记录资料。

8. 消防安全培训记录。

9. 灭火和应急疏散预案的演练记录。

10. 各级和各部门消防安全责任人的消防安全承诺书。

11. 火灾情况记录。

12. 消防奖励情况记录。

二、消防安全责任制落实

实地抽查提问消防安全责任人、管理人，检查是否熟知以下工作职责：

（一）消防安全责任人工作职责

1. 贯彻执行消防法律法规，保障单位消防安全符合国家消防技术标准，掌握本单位的消防安全情况，全面负责本场所的消防安全工作。

2. 统筹安排本场所的消防安全管理工作，批准实施年度消防工作计划。

3. 为本单位的消防安全管理工作提供必要的经费和组织保障。

4. 确定逐级消防安全责任，批准实施消防安全管理制度和保障消防安全的操作规程。

5. 组织召开消防安全例会，组织开展防火检查，督促整改火灾隐患，及时处理涉及消防安全的重大问题。

6. 根据有关消防法律法规的规定建立专职消防队、志愿消防队（微型消防站），并配备相应的消防器材和装备。

7. 针对本场所的实际情况，组织制订符合本单位实际的灭火和应急疏散预案，并实施演练。

（二）消防安全管理人工作职责

1. 拟订年度消防安全工作计划，组织实施日常消防安全管理工作。

2. 组织制定消防安全管理制度和保障消防安全的操作规程，并检查督促落实。

3. 拟订消防安全工作的经费预算和组织保障方案。

4. 组织实施防火检查和火灾隐患整改。

5. 组织实施对本单位消防设施、灭火器材和消防安全标志的维护保养，确保其完好有效和处于正常运行状态，确保疏散通道、走道和安全出口、消防车通道畅通。

6. 组织管理专职消防队或志愿消防队（微型消防站），开展日常业务训练，组织初起火灾扑救和人员疏散。

7. 组织从业人员开展岗前和日常消防知识、技能的教育和培训，组织灭火和应急疏散预案的实施和演练。

8. 定期向消防安全责任人报告消防安全情况，及时报告涉及消防安全的重大问题。

9. 管理单位委托的物业服务企业和消防技术服务机构。

10. 单位消防安全责任人委托的其他消防安全管理工作。

未确定消防安全管理人的单位，上述规定的消防安全管理工作由单位消防安全责任人负责实施。

三、消防安全管理制度

（一）消防安全制度内容

1. 消防安全教育、培训。

2. 防火巡查、检查；安全疏散设施管理。

3. 消防控制室值班。

4. 消防设施、器材维护管理。

5. 用火、用电安全管理。

6. 微型消防站的组织管理。

7. 灭火和应急疏散预案演练。

8. 燃气和电气设备的检查和管理。

9. 火灾隐患整改。

10. 消防安全工作考评和奖惩。

11. 其他必要的消防安全内容。

（二）多产权、多使用单位管理

1. 应明确多产权、多使用单位或者承包、租赁、委托经营单位消防安全责任。

2. 消防车通道、涉及公共消防安全的疏散设施和其他建筑消防设施应当由产权单位或者委托管理的单位统一管理。

3. 在与商户或业主签订相关租赁或者承包合同时，应在合同内明确各方的消防安全职责。各业主应当在各自职责范围内履行职责。

4. 实行统一管理时，应制定统一的管理标准、管理办法，明确隐患问题整改责任、整改资金、整改措施。

（三）防火巡查、检查

1. 翻阅《防火巡查记录》《防火检查记录》，查看是否每2小时进行一次防火巡查，是否至少每个月进行一次防火检查，是否如实登记火灾隐患情况。

2. 《防火巡查记录》《防火检查记录》中，巡查、检查人员和管理人

是否分别在记录上签名，并通过核对笔迹的方式确定签字的真实性。

3. 对照单位的《防火巡查记录》《防火检查记录》中记录的隐患，实地查看整改及防范措施的落实情况。

（四）消防安全培训教育

1. 应对全体员工至少每半年进行一次消防安全培训，对新上岗和进入新岗位的员工应进行岗前消防安全培训。

2. 培训内容应以教会员工电气等火灾风险及防范常识，灭火器和消火栓的使用方法，防毒防烟面具的佩戴，人员疏散逃生知识等为主。

查看员工消防安全培训记录、培训照片等资料是否真实，是否记明培训的时间、参加人员、内容，参训人员是否签字，随机抽查单位员工消防安全"四个能力"（即检查消除火灾隐患能力、组织扑救初起火灾能力、组织人员疏散逃生能力、消防宣传教育培训能力）掌握情况。

消防安全教育培训记录表			
培训时间		培训地点	
参加人数		授课人	
参加培训人员：			
培训内容： **消防安全知识"三懂"** 一、懂本单位火灾危险性 　1. 防止触电；2. 防止引起火灾；3. 可燃、易燃品、火源。 二、懂预防火灾的措施 　1. 加强对可燃物质的管理；2. 管理和控制好各种火源；3. 加强电气设备及其线路的管理；4. 易燃易爆场所应有足够的适用的消防设施，并要经常检查做到会用、有效。 三、懂灭火方法 　1. 冷却灭火方法；2. 隔离灭火方法；3. 窒息灭火方法；4. 抑制灭火方法。 **消防安全知识"四会"** 一、会报警 　1. 大声呼喊报警，使用手动报警设备报警；2. 如使用专用电话、手动报警按钮、消火栓按键击碎等；3. 拨打119火警电话，向当地消防救援机构报警。			

续表

二、会使用消防器材

拔掉保险销，握住喷管喷头，压下提把，对准火焰根部即可。

三、会扑救初期火灾

在扑救初期火灾时，必须遵循：先控制后消灭，救人第一，先重点后一般的原则。

四、会组织人员疏散逃生

1. 按疏散预案组织人员疏散；2. 酌情通报情况，防止混乱；3. 分组实施引导。

消防安全"四个能力"基本内容

1. 检查消除火灾隐患能力：查用火用电，禁违章操作，查通道出口，禁堵塞封闭，查设施器材，禁损坏挪用，查重点部位，禁失控漏管；2. 扑救初起火灾能力：发现火灾后，起火部位员工1分钟内形成第一灭火力量，火灾确认后，单位3分钟内形成第二灭火力量；3. 组织疏散逃生能力：熟悉疏散通道，熟悉安全出口，掌握疏散程序，掌握逃生技能；4. 消防宣传教育能力：消防宣传人员，有消防宣传标志，有全员培训机制，掌握消防安全常识。

微型消防站"三知四会一联通"

1. "三知"：微型消防站队员要知道单位内部消防设施位置、知道疏散通道和出口、知道建筑布局和功能；2. "四会"：会组织疏散人员、会扑救初起火灾、会穿戴防护装备、会操作消防器材；3. "一联通"：消防救援支队或大中队与微型消防站、微型消防站与队员保持通信联络畅通。

培训照片：

（五）灭火和应急疏散预案及演练

1. 应至少每半年组织一次全员参与的灭火和应急疏散预案演练。

2. 翻阅灭火和应急疏散预案，查看是否有针对性地制订灭火和应急疏

散预案，是否根据建筑改造、人员调整等情况，及时进行修订。灭火和急疏散预案应当至少包括下列内容：

（1）建筑的基本情况、重点部位及火灾风险分析。

（2）明确火灾现场通信联络、灭火、疏散、救护、对接消防救援力量等任务的负责人、组成人员及各自职责。

（3）火警处置程序。

（4）应急疏散的组织程序和措施。

（5）扑救初起火灾的程序和措施。

（6）通信联络、安全防护和人员救护的组织与调度程序和保障措施。

3. 翻阅演练记录、照片等材料，查看演练的时间、地点、内容、参加人员是否属实，演练是否以人员集中、火灾危险性较大和重点部位为模拟起火点、是否全员参与、是否按照预案内容进行模拟演练，并随机询问员工是否熟知本岗位职责、应急处置程序等情况。

（六）消防宣传提示

1. 应在安全出口处张贴"三自主两公开一承诺"（自主评估风险、自主检查安全、自主整改隐患，向社会公开消防安全责任人、管理人，并承诺本场所不存在突出风险或者已落实防范措施）公示牌。

2. 要营造单位内部宣传氛围，利用内部LED电子显示屏、大屏幕和楼内广播等滚动播放消防安全常识。

3. 各楼层在显著位置张贴宣传挂图以及安全疏散逃生示意图，疏散指示图上应标明疏散路线、安全出口和疏散门、人员所在位置和必要文字说明。

4. 制冷设备房、配电室、厨房和库房等重点部位张贴火灾风险提示。

第二节　微型消防站建设

一、人员设置

1. 人员数量设置原则上不少于6人。

2. 应结合实际设站长、队员等岗位。

3. 站长由单位消防安全管理人担任，队员由其他员工担任。

二、日常工作职责

1. 应定期组织开展业务训练，每个月至少开展一次全员拉动测试。

2. 人员应保持随时在岗在位，确保接到火警信息后能各负其责，"3分钟到场"进行处置。

3. 要具备"三知四会"能力，即知道设施和器材位置、知道疏散通道和出口、知道建筑布局和功能；会组织疏散人员、会扑救初起火灾、会穿戴防护装备和会操作消防器材。

4. 站长职责

（1）负责微型消防站日常管理。

（2）组织制定及落实各项管理制度和灭火应急预案。

（3）组织防火巡查。

（4）组织消防宣传教育和应急处置训练。

（5）指挥初起火灾扑救和人员疏散。

（6）对发现的火灾隐患和违法行为进行及时整改。

5. 队员职责

（1）应熟练掌握消防设施、器材的性能和操作使用方法。

（2）熟悉设施器材的设置位置和灭火应急预案内容，发生火灾时主要负责扑救初起火灾、组织人员疏散工作。

（3）日常负责防火安全巡查检查工作。

6. 重要保卫时段工作职责

在重大活动、重要节假日和重要时间节点，加强力量重点防护，并做好如下工作：

（1）对单位内部疏散通道、厨房、库房等重点区域开展一次消防安全自查。

（2）对电气线路敷设、电器产品的使用开展一次检查。

（3）对自动消防设施进行一次联动测试。

（4）开展一次全员培训和应急疏散演练。

（5）将活动详情和应急预案报告给当地消防救援部门。

三、器材配备

应当根据本场所火灾危险性特点，每人配备手台、防毒防烟面罩等灭火、通信和个人防护器材装备。

四、火场处置流程

1. 发现火灾后，应向消防控制室报告火灾情况，并利用就近的消火栓、灭火器、消防水桶等器材扑救火灾。

2. 消防控制中心确认火警信息后，应立即启动消防应急广播等消防设施，同时报火警119，通知相关人员迅速开展应急处置工作。

3. 负责灭火工作的人员应快速前往起火点，进行灭火。

4. 负责疏散工作的人员应佩戴防毒防烟面罩，指挥、引导楼层人员向安全出口撤离。

5. 负责对接消防救援力量的人员应在室外将到场的消防车引向距起火点最近的安全出口处。

第三节　消防安全重点部位

一、电气管理

1. 电气线路敷设、设备安装和维修应当由具备相应职业资格的人员按国家现行标准要求和操作规程进行。

2. 选用符合国家标准、行业标准的电气线路、电气设备，电气线路规格应与用电负荷相匹配，严禁超负荷运行。

3. 不应私拉乱接电线，电气线路不应敷设在可燃物上，插座（插排）周围0.5m范围内不能有可燃物，顶棚内敷设的电气线路应穿金属管。

4. 对电气线路、设备的运行及维护情况应定期检查、检测。

5. 营业结束时，应切断营业场所的非必要电源。

6. 不应在室内停放电动车或为电动车充电。

二、用火管理

1. 楼内显著位置要有禁烟标识和违反者惩罚措施提示。

2. 禁止在营业时间内进行动火作业。

3. 需要动火作业的区域，应与使用、营业区进行防火分隔，并加强消防安全现场监管。

4. 电焊等明火作业前，实施动火的部门和人员应按照制度办理动火审批手续，清除可燃、易燃物品，配置灭火器材，落实现场监护人员和安全措施，在确认无火灾、爆炸危险后方可动火作业。

三、装修材料

1. 不应使用易燃可燃材料夹心的彩钢板搭建临时建筑。

2. 建筑内部装修应采用不燃和难燃性材料。

四、客房

1. 客房内应按要求配备应急手电筒、防烟面具等逃生器材、醒目耐久的"请勿卧床吸烟"提示牌和楼层安全疏散示意图。

2. 客房的地毯、墙面不应采用易燃、可燃材料装饰，应使用经阻燃处理的地毯、墙面并应定期维护和更换，确保材料的阻燃性能。

3. 设在高层建筑内的宾馆，客房内的装修材料应采用不燃或难燃材料。高层宾馆的客房内应配备应急手电筒、消防过滤式自救呼吸器等逃生器材及使用说明，其他宾馆的客房内宜配备应急手电筒、消防过滤式自救呼吸器等逃生器材及使用说明，并应放置在醒目位置或设置明显的标志。应急手电筒和消防过滤式自救呼吸器的有效使用时间不应小于30分钟。

4. 保洁人员打扫房间时应确保热水壶等用电设备处于断电状态。

5. 客房严禁使用大功率电热设备。

6. 客房服务员应经过岗前消防安全培训，掌握基本防火灭火知识，熟悉灭火和应急疏散预案，会引导客人疏散，并逐个房间检查确认。

五、宴会厅、会议中心等多功能厅

1. 活动现场不能因布展调整而擅自改变原有防火分区、防烟分区及安全出口位置；不能堵塞疏散通道及安全出口。

2. 活动现场的消防设施应保持完好有效，且不应存在挪用、遮挡、擅自拆除、停用的情况。

3. 活动现场应做好用电功率测算及电气线路检测，避免增加用电设备，增大用电负荷，造成电气线路高负荷过热和故障引发火灾。

4. 活动现场应设置疏散指示标志并清晰可见，在活动期间加强消防器材的配置和人员的现场看护、巡查。

5. 禁止违规采用聚氨酯、聚苯乙烯、海绵、毛毯、木板等易燃可燃材料装饰装修，以及在承办大型活动期间为营造氛围大量采用易燃可燃材料装饰。

六、厨房

1. 厨房应采用耐火极限不低2.0h的防火隔墙和乙级防火门、窗与其他位分隔。

2. 厨房的顶棚、墙面、地面应采用不燃材料装修。

3. 设置在地下室、半地下室内的厨房严禁使用液化石油气；不得使用液化气罐。醇基燃料使用应符合国家或地方、行业标准。

4. 应配备灭火毯、灭火器；采用可燃气体做燃料的厨房，应设置可燃气体浓度报警装置。

5. 燃气灶的连接软管不能有裂纹、破损，连接牢靠。

6. 烟罩应定期清洗，油烟管道应每季度至少清洗一次，并有清洗前后对比照片记录。

七、布草间

1. 布草间应尽量减少换洗被褥，床单、毛巾等易燃可燃生活用品的堆放。

2. 禁止保洁人员在布草间内吸烟、为手机充电、使用热水壶等大功率用电设备。

八、洗衣房

电气线路不得超负荷使用，线路应当按规定敷设并有防潮措施。烘干机的排气管道应当定期清理。纺织品库房应当按规定设置照明灯具、敷设照明线路，严格执行禁止吸烟、禁用明火和其他电气设备的规定。不得储存、使用易燃的洗涤剂。

九、配电室

1. 配电室应设置甲级防火门并设置警示标志。

2. 配电室内应配备二氧化碳灭火器和应急照明。

3. 配电室内不得堆放易燃可燃杂物。

十、柴油发电机房

1. 应采用耐火极限不低于2.0h的防火隔墙和1.5h的不燃性楼板与其他部位分隔，门应采用甲级防火门。

2. 机房内设置储油间时，其总储存量不应大于$1m^3$，储油间应采用耐火极限不低于3.0h的防火隔墙与发电机间分隔；确需在防火隔墙上开门时，应设置甲级防火门。

3. 应设置火灾报警装置。

4. 应设置应急照明和消防电话。

5. 手动启动柴油发电机，查看是否能正常启动。

十一、高位消防水箱间

1. 查看消防水箱水位高度，判断实有储水量是否满足要求。

2. 消防水箱的补水管阀门应处于开启状态，当和生活用水合用时，生活用水的出水管应设在水箱顶部。

3. 水箱间应设置应急照明和消防电话。

十二、库房

1. 应采用耐火极限不低于2.0h的防水隔墙和乙级防火门、窗与其他区域完全分隔。

2. 库房内敷设的电气线路应穿金属管保护，照明灯具下面0.5m范围内不应有可燃物。

3. 库房内严禁使用明火。

4. 库房严禁储存易燃易爆危险品。

十三、锅炉房

1. 疏散门应直通室外或安全出口。

2. 燃气、燃油锅炉房与其他部位之间应采用耐火极限不低于2.0h的防火隔墙和1.5h的不燃性楼板分隔，在隔墙和楼板上不应开设洞口，确需在隔墙上设置门、窗时，应采用甲级防火门、窗。

3. 锅炉房内设置储油间时，其总储存量不应大于$1m^3$，且储油间应采用耐火极限不小于3.0h的防火隔墙与锅炉间分隔；确需在防火隔墙上设置门时，应采用甲级防火门。

4. 应设置火灾报警装置。

第四节 疏散救援设施

一、消防车通道

1. 消防车通道应保持畅通，不应被占用、堵塞、封闭。

2. 不应设置妨碍消防车通行的停车泊位、路桩、隔离墩、地锁等障碍物，并须设有严禁占用等标志、在地面设有标识线。

3. 消防车道靠建筑外墙一侧的边缘距离建筑外墙不宜小于5m。

4. 消防车道与建筑之间不应设置妨碍消防车操作的树木、架空管线等障碍物。

5. 消防车道的净宽度和净空高度均不应小于4m，消防车道的坡度不应大于10%。

二、消防车登高操作场地及消防救援窗

1. 消防车登高操作场地与建筑之间不应设置妨碍消防车操作的树木、架空管线等障碍物和车库出入口。

2. 场地的长度和宽度分别不应小于15m和10m。对于建筑高度大于50m的建筑，场地的长度和宽度分别不应小于20m和10m。

3. 场地及其下面的建筑结构、管道和暗沟等，应能承受重型消防车的压力。

4. 场地应与消防车道连通，场地靠建筑外墙一侧的边缘距离建筑外墙不宜小于5m，且不应大于10m，场地的坡度不宜大于3%。

5. 建筑物与消防车登高操作场地相对应的范围内，应设置直通室外的楼梯或直通楼梯间的入口。

6. 供消防救援人员进入的窗口的净高度和净宽度均不应小于1.0m，下沿距室内地面不宜大于1.2m，间距不宜大于20m且每个防火分区不应少于2个，设置位置应与消防车登高场地相对应。窗口的玻璃应易于破碎，并应设置可在室外易于识别的明显标志。

三、安全出口及疏散楼梯

1. 安全出口数量不应少于2个，疏散门应向疏散方向开启，不能采用卷帘门、转门和侧拉门，不能上锁和封堵，应保持畅通。

2. 疏散楼梯的净宽度不应小于1.1m，其中高层公共建筑（建筑高度超过24m的公共建筑）的疏散楼梯净宽度不应小于1.2m。

3. 楼梯间内不能堆放杂物，严禁设置地毯、窗帘、KT板广告牌可燃材料。

4. 通向室外疏散楼梯的门应采用乙级防火门，应向外开启，不应正对楼梯段。

5. 室外疏散楼梯的梯段和缓台均应采用不燃材料制作，缓台不应采用金属材料。

第五节　消防设施器材

一、疏散指示标志

1. 疏散指示标志不应被遮挡。

2. 应选择采用节能光源的灯具，标志灯应选择持续型灯具。其中安全出口标志灯应安装在安全出口或疏散门内侧上方居中的位置。疏散指示标志应设置在疏散走道及其转角处距地面高度1.0m以下的墙面或地面上，当安装在疏散走道、通道上方时，室内高度不大于3.5m的场所，标志灯底边距地面的高度宜为2.2m～2.5m；室内高度大于3.5m的场所，特大型、大型、中型标志灯底边距地面高度不宜小于3m，且不宜大于6m。

3. 灯光疏散指示标志的标志面与疏散方向垂直时，灯具的设置间距不应大于20m；标志灯的标志面与疏散方向平行时，灯具的设置间距不应大于10m。

二、应急照明灯

1. 安全出口正上方、疏散走道内，建筑面积大于200m²的人员密集场所顶棚墙面上应设应急照明灯。

2. 平时主电状态是绿灯、故障状态是黄灯、充电状态是红灯，现场按下测试按钮，应保持常亮状态。

3. 连续供电时间不应少于0.5h。

三、灭火器

1. 一般都是配备ABC干粉灭火器，压力表指针在绿区；机房、配电室等电气设备用房应配备二氧化碳灭火器。

2. 灭火器的配置数量应通过计算确定。配置ABC类干粉灭火器时单具灭火器灭火剂充装量不应小于5kg～6kg。一个计算单元的灭火器设置数量不得少于2具，每个设置点灭火器数量不宜多于5具。灭火器应有红色消防产品身份标识。

3. 灭火器应放在明显和便于取用的地点，灭火器箱不应被遮挡、上锁，开启应灵活。

4. 灭火器的零部件齐全，无松动、脱落或损伤，铅封等保险装置无损坏或遗失。

5. 喷射软管应完好，无明显裂纹，喷嘴无堵塞。

6. 灭火器的筒体无明显缺陷、无锈蚀（特别查看筒底）。

7. 干粉灭火器、二氧化碳灭火器出厂期满5年后进行首次维修，之后每2年维修一次；二氧化碳灭火器的报废期限为12年，干粉灭火器的报废期限为10年。

四、防火门

1. 常闭式防火门应有红色的消防产品合格标志，且处于关闭状态，门扇启闭应灵活，无关闭不严的现象；门框、门扇、门槛、把手、锁、防火密封条、闭门器、顺序器等组件应保持齐全、好用。

2. 常闭式防火门应有"保持常闭"字样的标识。

3. 门框上的缝隙、孔洞应采用水泥砂浆等不燃烧材料填充。

4. 释放单扇防火门，门扇应能自动关闭；释放双、多扇防火门，观察门扇是否能实现顺序关闭，并保持严密。

5. 常开式防火门检查时，按下其释放器的手动按钮，防火门应自行关闭且严密，闭门信号应传送至消防控制室。

五、室内消火栓系统

1. 消火栓不应被埋压、圈占、遮挡。

2. 消火栓箱门应张贴操作说明，能正常开启且开启角度不小于120°。

3. 水带、水枪、接口应齐全，水带不应破损，水带与接口应牢靠，消火栓栓口方向应向下或与墙面成90°角。检查时，应在顶层进行出水测试，水压符合要求。

4. 设有消火栓报警按钮的，接线应完好，有巡检指示功能的其巡检指示灯应闪亮。

5. 按下消火栓按钮，指示灯应常亮，火灾报警控制柜应收到反馈信号。

6. 消防软管卷盘的胶管不应粘连、开裂，与喷枪、阀门等连接应牢固；阀门操作手柄应完好；打开供水阀，各连接处无渗漏；开启喷枪，检查其喷水情况应正常。

六、室外消火栓系统

1. 室外消火栓不应被埋压、圈占、遮挡。

2. 地下消火栓应有明显标识，井盖能顺利开启，井内不能存有积水以及妨碍操作的杂物等。

3. 使用消火栓扳手检查消火栓闷盖、阀杆操作应灵活。

4. 连接消防水带测试室外消火栓，供水压力应符合规定，栓口无漏水现象。

5. 冬季应做好防寒措施。

七、火灾自动报警系统

（一）火灾探测器

1. 火灾探测器0.5m范围内不应有障碍物。

2. 火灾探测器（常见感温探测器）平时巡检灯应闪亮，现场对顶棚的感烟探测器进行吹烟测试，感烟探测器应处于常亮状态，报警控制器应能够显示火灾报警信号，能打印火灾信息，系统显示时间应和实际时间一致。

3. 不得出现被摘除、损坏或是未摘掉防尘罩等违法行为。

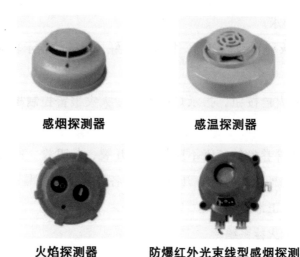

感烟探测器　　　　　　　感温探测器

火焰探测器　　　防爆红外光束线型感烟探测

（二）手动火灾报警按钮

1. 具有巡检指示功能的手动报警按钮的指示灯应正常闪亮，表面无破损，周围不应存在影响辨识和操作的障碍物。

2. 按下手动报警按钮进行报警试验，报警确认灯应常亮，核实火灾报警控制器应接收到其发出的火警信号。

八、自动喷水灭火系统

1. 检查末端试水装置组件（试水阀门、试水接头、压力表）是否完整，压力不应低于0.05MPa。

2. 末端试水装置应有醒目标志，地面应设置排水设施。

3. 打开末端试水放水阀进行放水试验，5分钟内消防水泵应自动启动，同时火灾报警控制器上应有水流指示器、压力开关报警信号及消防水泵的动作反馈信号。

九、消防水泵

1. 消防水泵房应设置应急照明和消防电话，采用耐火极限不低于2.0h的防火隔墙和1.5h的楼板与其他部位分隔；疏散门应直通室外或安全出口，开向疏散走道的门应采用甲级防火门。

2. 消防水泵应注明系统名称，应有主、备泵标识，消防给水设施的管道阀门应有开/关的状态标识。

3. 消防水泵控制柜转换开关应处于"自动"运行模式；将消防水泵控制的转换开关置于"手动"模式，分别按下主、备泵的"启动"按钮，待"启动"指示灯亮起再按下相应的"停止"按钮，水泵应能正常启动和停止。

4. 在消防控制室消防联动控制器上进行手动启、停消防泵的操作，泵组启、停应正常，控制器应有消防泵启动、动作反馈和停止的信号显示。

十、稳压设施

1. 气压罐及其组件外观不应存在锈蚀、缺损情况，标志应清晰、完整。

2. 电气控制箱应处于通电状态，将电气控制箱旋钮调至"手动"模式，分别按下主、备泵的"启动"按钮，待"启动"指示灯亮起再按下相应的"停止"按钮，稳压泵应能正常启动和停止。

3. 稳压系统的电接点压力表应有启停泵数值参数标识。

十一、消防水泵接合器

1. 水泵接合器设置应不被埋压、圈占、遮挡，应设置永久性标牌标明所属系统和区域，相关组件应完好有效。

2. 地下式水泵接合器井内无积水，应有防冻措施。

十二、防排烟设施

排烟系统分为自然排烟系统和机械排烟系统；防烟系统分为自然通风系统和机械加压送风系统。

（一）自然排烟设施

自然排烟主要利用可开启的外窗进行排烟。

（二）机械排烟系统

1. 排烟风机的铭牌应牢固，应有注明系统名称和编号的醒目标识；风机与风管连接处应严密，连接材料不应老化和破损且周围不应存放可燃物。

2. 排烟风机房内不应堆放杂物，应设置应急照明和消防电话。

3. 控制柜应有注明系统名称和编号的醒目标识；仪表、指示灯应正常，转换开关应处于"自动"运行模式。

4. 在风机控制柜或消防控制室消防联动控制器转换开关处于"自动"运行模式时，按下"启动"按钮，风机应能正常启动并有反馈信号，在排烟口处用纸张进行风向和风量的测试，纸张应能被吸住，按下"停止"按钮，风机应停止运行并有反馈信号。

（三）机械加压送风系统

1. 风机的铭牌应牢固，应有注明系统名称和编号的醒目标识；风机与风管连接处应严密，连接材料不应老化和破损且周围不应存放可燃物。

2. 风机房内不应堆放杂物，应设置应急照明和消防电话。

3. 控制柜应有注明系统名称和编号的醒目标识；仪表、指示灯应正常，转换开关应处于"自动"运行模式。

4. 在风机控制柜或消防控制室消防联动控制器转换开关处于"自动"运行模式时，按下"启动"按钮，风机应能正常启动并有反馈信号，在送风口处进行风向和风量的测试，送风口应能明显感觉有风吹出，按下"停止"按钮，风机应停止运行并有反馈信号。

十三、防火卷帘

1. 防火卷帘下方不应存在影响卷帘门正常下降的障碍物，周围0.3m范围内不应堆放物品。

2. 检查防火卷帘防护罩（箱体）至顶棚、梁、墙、柱之间的空隙应采用防火封堵材料封堵并保持完好。

3. 防火卷帘控制器应处于无故障的工作状态，手动按下防火卷帘控制器"下行"按钮，卷帘应向下运行平稳并保持顺畅，下降到地面后不应存在缝隙；按下"上行"按钮，观察卷帘上升到高位时应能正常停止；卷帘运行过程中随时按停止按钮，卷帘应停止运行。

十四、消防控制室

1.疏散门应直通室外或安全出口，开向建筑内的门应采用乙级防火门。

2. 室内应设置应急照明以及外线电话。

3. 应实行24小时专人值班制度，每班不少于2人，值班人员应持有四级（中级）及以上等级证书。

4. 应查阅《消防控制室值班记录》（值班人员应每2小时记录一次值班情况）、《建筑消防设施巡查记录表》、《建筑消防设施检测记录表》，通过查阅火灾报警控制器的历史信息，对比值班记录，检查值班人员记录火警或故障等信息是否及时。

5. 查阅交接班记录，检查交接班记录是否填写规范，并通过对照笔迹的方式查看是否由本人签字。

6. 火灾报警控制器应设在自动状态，按下火灾报警控制器自检按钮，火灾报警声、光信号应正常，切断火灾报警控制器的主电源，备用电源应自动投入运行。

7. 应询问值班人员是否熟知火灾处置流程。

8. 应存放各类消防资料、台账及火灾报警地址码图。

第二部分

体育馆消防安全检查

第一章　体育馆主要火灾风险

体育场馆是指作为体育竞技、体育教学、体育娱乐和体育锻炼等活动之用的建筑。体育场馆主要火灾风险如下：

第一节　起火风险

一、明火源风险

1. 违规吸烟，随意丢弃未熄灭的烟头；小孩使用打火机、火柴等玩火。

2. 违规使用明火、点蜡；违规燃放烟花等。

3. 违规进行电焊、气焊、切割等明火作业。

4. 餐饮场所厨房使用明火不慎、油锅过热起火；临时增设灶台使用明火；违规使用瓶装液化石油气及甲、乙类液体燃料。

二、电气火灾风险

1. 体育场馆内电气线路敷设不符合要求，电气线路老化、绝缘层破损、线路受潮、水浸；电气线路存在过热、锈蚀、烧损、熔焊、电腐蚀等痕迹，造成漏电、短路、超负荷等问题。

2. 电气线路选型不当、连接不可靠；电气线路、电源插座、开关安装敷设在可燃材料上；线路与插座、开关连接处松动，插头与插套接触处松动。

3. 体育场馆内灯光、空气调节等大功率用电设备及其电气线路安装敷设不符合要求，外部电源线采用移动式插座连接；用电设备停、送电不规范，线路实际荷载超过额定荷载；应急电源运行异常或无法实现切换，蓄电池超期使用、容量不足。

4. 选用或购买不符合国家标准的插座、充电器、用电设备等电器产品；违规使用电加热茶壶、电磁炉、热水器、微波炉、咖啡机、电暖器等大功率电器。

5. 用电设备未在闭馆时采取断电措施。

6. 仓库内电气线路敷设不规范，违规使用卤钨灯等高温灯具，电气线路未穿管保护，照明灯具未按要求安装防护罩。

7. 赛事、大型活动期间临时加装的亮化灯具、LED显示屏、灯箱、用电设备超出线路荷载；大型用电设备及其电缆线路未定期检测维护；防雷、防静电设施未定期检测维护，确保完好有效。

8. 体育场馆弱电井、强电井内强电与弱电线路交织；店铺配电箱未按要求安装漏电保护装置，强弱电线路共用一个配电箱，配电箱线路出现温度过高现象，配电箱周围堆放易燃可燃物品。

9. 电动车违规在体育场馆内停放、充电、维修。

10. 体育场馆内外墙广告牌、灯箱破损或密封不严，电气线路敷设不规范，因漏风渗水问题引发电气故障。外墙、室内场所霓虹灯、装饰灯及其电气线路、控制器、变压器直接敷设安装在易燃可燃材料上，未采取隔热防火措施。

三、可燃物风险

1. 体育场馆内违规采用聚氨酯、聚苯乙烯、海绵、毛毯、木板等易燃可燃材料装饰装修。

2. 承办大型活动期间为营造气氛大量采用易燃可燃材料装饰，如易燃可燃物挂件、玻璃钢模型道具、海洋球、氢气球等各类装饰造型等。

3. 体育场馆建筑外墙外保温材料的燃烧性能不符合要求，外保温材料防护层脱落、破损、开裂，外保温系统防火分隔、防火封堵措施失效。建筑内外及屋面违规搭建易燃可燃夹芯材料彩钢板房。

4. 建筑垃圾、可燃杂物未及时清理，随意堆放在屋顶、楼梯间、疏散走道、设备用房、电缆井、管道井等区域。

第二节 火灾状态下人员安全疏散风险

1. 举办赛事活动时，场所内停留人数超过额定人数。违规设置员工宿舍，违规增设夹层、隔间作为人员休息区域。

2. 应急广播系统不能正常使用，疏散提示内容不清晰、不准确，不能向全区域播送；室内应急照明数量不足、亮度不够；疏散指示标识设置不符合要求或被遮挡。

3. 违规在用于安全疏散的安全区内增设商业摊位、游乐设施、展览展示场所。

4. 安全出口、疏散通道占用、堵塞、封闭，安全出口、疏散通道处设置的门禁系统在火灾时无法正常开启，未在显著位置设置安全出口标识和使用提示，发生火灾时观众及员工难以及时选择安全的疏散路线逃生。

5. 体育场馆未制订灭火和应急疏散预案，未明确各防火分区或楼层区域的志愿消防员、疏散引导员，未定期组织开展应急疏散演练。在举办大型群众性活动前，未向公安机关申报安全许可，未制订有针对性的预案、开展演练，发生火灾时组织安全疏散混乱无序。

6. 环形消防车道、消防车登高操作场地被占用；消防救援窗口无明显标识或外侧被广告牌和铁栅栏遮挡，内侧被货架货物等堵塞，影响灭火救援。

第三节 火灾蔓延扩大风险

1. 违规搭建库房、变电站、锅炉房、调压站等设备用房，或临时搭建车棚、广告牌、连廊等占用防火间距。

2. 违规改变体育场馆内的防火防烟分区，导致防火防烟分区处的防火墙、防火门、防火窗、防火玻璃墙、防火卷帘、挡烟垂壁等未保持完好有效。尤其是防火卷帘不能正常联动，发生火灾后极易造成蔓延扩大。

3. 体育场馆内管道井、电缆井、玻璃幕墙和防烟、排烟、供暖、通风、空调管道未做好横向、竖向防火封堵，变形缝、伸缩缝防火封堵不到位。

4. 体育场馆内火灾自动报警系统、自动灭火系统、消火栓系统、防烟排烟系统等消防设施运行不正常，发生火灾后不能早期预警、快速处置；擅自改变联动控制程序，导致部分设施无法联动启动。

5. 未落实特殊消防设计专家评审意见或擅自改变设计要求。

第四节　重点部位火灾风险

一、观众厅

1. 观众厅附属的休息厅、小卖部等处的爆米花机、制奶茶机等设备电气线路敷设不规范。

2. 赛事结束时未安排专人进行防火巡查，切断非必要电源，清除火种。

3. 窗帘、座椅、软包装、疏散门、吸声材料等违规采用易燃可燃材料装修装饰。

二、冰雪赛事场所

1. 制冷机房电气线路敷设不规范，超负荷使用用电设备。

2. 电气线路、制冷设备未定期检测。

3. 电气线路直接敷设或穿越保温材料，未穿阻燃管。

4. 违规采用易燃可燃保温材料，违规采用液氨作制冷剂。

5. 活动场所经常停留人数超过疏散人数要求。

6. 与其他功能区域防火分隔不符合要求。

7. 特种设备操作人员未依法获得相应资格证书。

8. 违规进行电焊、气焊、切割等明火作业。

三、商业活动场所

1. 熟食加工区违规使用明火；熟食加工区使用的电加热大功率烹饪器具线路敷设不规范，超过线路负荷。

2. 仓库内电气线路敷设不规范，电气线路未穿管保护，违规使用卤钨灯等高温照明灯具，照明灯具未按要求安装防护罩且未与可燃物保持安全距离；冷库、冷藏柜未定期进行检测维护。

3. 仓库可燃货物大量堆放，不符合顶距、灯距、墙距、柱距、堆距的"五距"要求；冷库、仓库与其他功能区防火分隔不符合要求；擅自将其他区域改为仓库、冷库。

4. 商品、货柜、摊位设置影响消防设施正常使用；摊位、商品的摆放占用疏散通道，堵塞安全出口；营业期间安全出口上锁。

四、停车场、汽车库

1. 电动汽车充电桩的设置不符合有关标准规定。

2. 汽车库内电动自行车违规停放、充电。

3. 擅自改变汽车库使用性质和增加停车位。

4. 汽车出入口设置的电动卷帘，断电后不具备手动开启功能。

5. 减少、锁闭和封堵汽车库防火分区内人员疏散出口。

6. 消防设施设置位置和高度不合理，被拆除或撞损未修复。

7. 停车场车位规划不合理、管理不到位，导致车辆乱停乱放占用消防车通道、消防救援场地。

五、施工现场

1. 施工现场消防安全管理制度不落实，未按要求设置灭火器等消防器材；施工部位与其他部位之间未采取防火分隔措施。

2. 动火作业未办理动火证，作业人员不具有相应资格。

3. 焊接、切割、烘烤或加热等动火作业前，未对周边可燃物进行清理，未封堵作业周边孔洞、缝隙，未落实现场监护措施。

4. 施工时破坏防火分隔、堵塞疏散通道，关停或遮挡消防设施；作业场所临时用电线路敷设不符合要求。

5. 施工区域未设置视频监控系统。

六、制冷设备

1. 电气线路敷设不规范，超负荷使用大功率用电设备。

2. 制冷设备24小时通电，未定期检测电气线路、制冷设备。

3. 电气线路直接敷设或穿越保温材料，未穿阻燃管。

4. 冷库、冷藏室内采用泡沫等易燃可燃材料保温隔热。

5. 与其他功能区域防火分隔不符合要求。

七、主控机房

1. 各类设备仪器多，通电时间长，超负荷、超年限使用易造成设备故障。

2. 明敷的电气线路未进行穿管保护，或者电闸、电气线路与可燃物品距离过近。

3. 机房内机器设备散热条件不足。

4. 设备操作人员在机房内吸烟、使用明火。

八、配电室

1. 直流屏蓄电池电压、浮充电流不正常；配电柜开关触头存在变形、变色、热蚀等不正常现象；配电柜内温度过高，高温排热扇不能正常启动运行。

2. 变压器存在异响，温控器指示不正常，超温时风机不能正常启动，电流、电压超出正常额定范围。

3. 配电室内建筑消防设施设备的配电柜、配电箱无明显标识；消防联动模块放置在强电控制柜内。

4. 配电室开向建筑内的门未采用甲级防火门；配电室内堆放可燃杂

物；配电室内的应急照明照度不足。

5. 配电室值班人员不掌握火灾状况下切断非消防设备供电、确保消防设备正常供电的操作方法。

6. 配电室内的气体灭火系统驱动装置电磁阀保险销处于止动状态，配电室未按要求配置灭火器。

九、柴油发电机房

1. 柴油发电机润滑油位、过滤器、燃油量、蓄电池电位、控制箱不正常。

2. 机房内储油间总储存量大于1m³，防火隔墙上开设的门未采用甲级防火门。

3. 储油间通气管未通向室外，未设置带阻火器的呼吸阀，油箱下部未设置防止油品流散的措施。

4. 发电机未定期维护保养，未落实每月至少启动一次要求。

5. 未采用防爆型灯具；事故排风装置未保持完好。

6. 柴油发电机房堆放可燃杂物。

第二章　体育馆消防安全检查要点

第一节　消防安全管理

一、消防档案

消防档案应包括消防安全基本情况和消防安全管理情况，档案内容翔实，能全面反映单位消防基本情况，并附有必要的图表，根据实际情况及时更新。

（一）消防安全基本情况档案

1. 单位基本概况和消防安全重点部位情况。

2. 建筑物消防设计审查、验收或备案文件、资料，公众聚集场所投入使用、营业前消防安全检查意见书。

3. 消防管理组织机构和各级消防安全责任人。

4. 相关消防安全责任书。

5. 消防安全制度。

6. 消防设施、灭火器材情况。

7. 微型消防站人员及消防装备配备情况。

8. 与消防安全有关的重点工种人员情况。

9. 新增消防产品、防火材料的合格证明材料。

10. 灭火和应急疏散预案。

（二）消防安全管理情况档案

1. 消防安全例会记录或会议纪要、决定；

2. 消防救援机构填发的各种法律文书；

3. 消防设施定期检查记录、自动消防设施全面检查测试的报告（要求每年进行一次检测）、单位与具有相关资质的消防技术服务机构签订维护保养合同以及维修保养的记录（记录要有消防技术服务机构公章和人员签字）；

4. 火灾隐患、重大火灾隐患及其整改情况记录；

5. 消防控制室值班记录；

6. 防火检查、巡查记录；

7. 有关燃气、电气设备检测，动火审批，厨房烟道清洗等工作的记录资料；

8. 消防安全培训记录；

9. 灭火和应急疏散预案的演练记录；

10. 各级和各部门消防安全责任人的消防安全承诺书；

11. 火灾情况记录；

12. 消防奖励情况记录。

二、消防安全责任制落实

实地抽查提问消防安全责任人、管理人，检查是否熟知以下工作职责：

（一）消防安全责任人工作职责

1. 贯彻执行消防法律法规，保障单位消防安全符合国家消防技术标准，掌握本单位的消防安全情况，全面负责本场所的消防安全工作；

2. 统筹安排本场所的消防安全管理工作，批准实施年度消防工作计划；

3. 为本单位的消防安全管理工作提供必要的经费和组织保障；

4. 确定逐级消防安全责任，批准实施消防安全管理制度和保障消防安全的操作规程；

5. 组织召开消防安全例会，组织开展防火检查，督促整改火灾隐患，及时处理涉及消防安全的重大问题；

6. 根据有关消防法律法规的规定建立专职消防队、志愿消防队（微型消防站），并配备相应的消防器材和装备；

7. 针对本场所的实际情况，组织制订符合本单位实际的灭火和应急疏散预案，并实施演练。

（二）消防安全管理人工作职责

1. 拟订年度消防安全工作计划，组织实施日常消防安全管理工作。

2. 组织制定消防安全管理制度和保障消防安全的操作规程，并检查督促落实。

3. 拟订消防安全工作的经费预算和组织保障方案。

4. 组织实施防火检查和火灾隐患整改。

5. 组织实施对本单位消防设施、灭火器材和消防安全标志的维护保养，确保其完好有效和处于正常运行状态，确保疏散通道、走道和安全出口、消防车通道畅通。

6. 组织管理专职消防队或志愿消防队（微型消防站），开展日常业务训练，组织初起火灾扑救和人员疏散。

7. 组织从业人员开展岗前和日常消防知识、技能的教育和培训，组织灭火和应急疏散预案的实施和演练。

8. 定期向消防安全责任人报告消防安全情况，及时报告涉及消防安全的重大问题。

9. 管理单位委托的物业服务企业和消防技术服务机构。

10. 单位消防安全责任人委托的其他消防安全管理工作。

未确定消防安全管理人的单位，上述规定的消防安全管理工作由单位消防安全责任人负责实施。

三、消防安全管理制度

（一）消防安全制度内容

1. 消防安全教育、培训。

2. 防火巡查、检查；安全疏散设施管理。

3. 消防（控制室）值班。

4. 消防设施、器材维护管理。

5. 用火、用电安全管理。

6. 微型消防站的组织管理。

7. 灭火和应急疏散预案演练。

8. 燃气和电气设备的检查和管理。

9. 火灾隐患整改。

10. 消防安全工作考评和奖惩。

11. 其他必要的消防安全内容。

（二）多产权、多使用单位管理

1. 应明确多产权、多使用单位或者承包、租赁、委托经营单位消防安全责任。

2. 对共用的疏散通道、安全出口、建筑消防设施和消防车通道，应当进行统一管理，并要求确定责任人具体实施管理。未书面明确的，产权单位进行统一管理。

3. 在与商户或业主签订相关租赁或者承包合同时，应在合同内明确各方的消防安全职责。各业主应当在各自职责范围内履行职责。

4. 实行统一管理时，应制定统一的管理标准、管理办法，明确隐患问题整改责任、整改资金、整改措施。

（三）防火巡查、检查

1. 翻阅《防火巡查记录》《防火检查记录》，查看体育馆开放期间是否至少每2个小时进行一次防火巡查，是否至少每个月进行一次防火检查，是否如实登记火灾隐患情况。

2.《防火巡查记录》《防火检查记录》中，巡查、检查人员和管理人是否分别在记录上签名，并通过核对笔迹的方式确定签字的真实性。

3. 对照单位的《防火巡查记录》《防火检查记录》中记录的隐患，实地查看整改及防范措施的落实情况。

（四）消防安全培训教育

1. 应对全体员工至少每半年进行一次消防安全培训，对新上岗和进入新岗位的员工应进行岗前消防安全培训。

2. 培训内容应以教会员工电气等火灾风险及防范常识，灭火器和消火栓的使用方法，防毒防烟面具的佩戴，人员疏散逃生知识等为主。

3. 查看员工消防安全培训记录、培训照片等资料是否真实，是否记明培训的时间、参加人员、内容，参训人员是否签字，随机抽查单位员工消防安全"四个能力"（即检查消除火灾隐患能力、组织扑救初起火灾能力、组织人员疏散逃生能力、消防宣传教育培训能力）掌握情况。

消防安全教育培训记录表			
培训时间		培训地点	
参加人数		授课人	
参加培训人员：			

培训内容：
消防安全知识"三懂"
一、懂本单位火灾危险性
　　1. 防止触电；2. 防止引起火灾；3. 可燃、易燃品、火源。
二、懂预防火灾的措施
　　1. 加强对可燃物质的管理；2. 管理和控制好各种火源；3. 加强电气设备及其线路的管理；4. 易燃易爆场所应有足够的适用的消防设施，并要经常检查做到会用、有效。
三、懂灭火方法
　　1. 冷却灭火方法；2. 隔离灭火方法；3. 窒息灭火方法；4. 抑制灭火方法。
消防安全知识"四会"
一、会报警
　　1. 大声呼喊报警，使用手动报警设备报警；2. 如使用专用电话、手动报警按钮、消火栓按键击碎等；3. 拨打119火警电话，向当地消防救援机构报警。

二、会使用消防器材

　　拔掉保险销，握住喷管喷头，压下提把，对准火焰根部即可。

三、会扑救初期火灾

　　在扑救初期火灾时，必须遵循：先控制后消灭，救人第一，先重点后一般的原则。

四、会组织人员疏散逃生

　　1. 按疏散预案组织人员疏散；2. 酌情通报情况，防止混乱；3. 分组实施引导。

消防安全"四个能力"基本内容

　　1. 检查消除火灾隐患能力：查用火用电，禁违章操作，查通道出口，禁堵塞封闭，查设施器材，禁损坏挪用，查重点部位，禁失控漏管；2. 扑救初起火灾能力：发现火灾后，起火部位员工1分钟内形成第一灭火力量，火灾确认后，单位3分钟内形成第二灭火力量；3. 组织疏散逃生能力：熟悉疏散通道，熟悉安全出口，掌握疏散程序，掌握逃生技能；4. 消防宣传教育能力：消防宣传人员，有消防宣传标志，有全员培训机制，掌握消防安全常识。

微型消防站"三知四会一联通"

　　1. "三知"：微型消防站队员要知道单位内部消防设施位置、知道疏散通道和出口、知道建筑布局和功能；2. "四会"：会组织疏散人员、会扑救初起火灾、会穿戴防护装备、会操作消防器材；3. "一联通"：消防救援支队或大中队与微型消防站、微型消防站与队员保持通信联络畅通。

培训照片：

（五）灭火和应急疏散预案及演练

1. 应至少每半年组织一次全员参与的灭火和应急疏散预案演练。

2. 翻阅灭火和应急疏散预案，查看是否有针对性地制订灭火和应急疏

散预案，是否根据建筑改造、人员调整等情况，及时进行修订。灭火和应急疏散预案应当至少包括下列内容：

（1）建筑的基本情况、重点部位及火灾风险分析。

（2）明确火灾现场通信联络、灭火、疏散、救护、对接消防救援力量等任务的负责人、组成人员及各自职责。

（3）火警处置程序。

（4）应急疏散的组织程序和措施。

（5）扑救初起火灾的程序和措施。

（6）通信联络、安全防护和人员救护的组织与调度程序和保障措施。

3. 翻阅演练记录、照片等材料，查看演练的时间、地点、内容、参加人员是否属实，演练是否以人员集中、火灾危险性较大和重点部位为模拟起火点、是否全员参与、是否按照预案内容进行模拟演练，并随机询问员工是否熟知本岗位职责、应急处置程序等情况。

（六）消防宣传提示

1. 应在安全出口处张贴"三自主两公开一承诺"（自主评估风险、自主检查安全、自主整改隐患，向社会公开消防安全责任人、管理人，并承诺本场所不存在突出风险或者已落实防范措施）公示牌。

2. 要营造内部宣传氛围，利用内部LED电子显示屏、大屏幕和楼内广播等滚动播放消防安全常识。

3. 各楼层在显著位置张贴宣传挂图以及安全疏散逃生示意图，疏散指示图上应标明疏散路线、安全出口和疏散门、人员所在位置和必要文字说明。

4. 制冷设备房、主控机房、配电室和柴油发电机房等重点部位张贴火灾风险提示。

第二节　微型消防站建设

设有消防控制室的体育馆应建立微型消防站，并按以下要求设置：

一、人员设置

1. 人员数量设置原则上不少于6人。

2. 应结合实际设站长、队员等岗位。

3. 站长由单位消防安全管理人担任，队员由其他员工担任。

二、日常工作职责

1. 应定期组织开展业务训练，每个月至少开展一次全员拉动测试。

2. 人员应保持随时在岗在位，确保接到火警信息后能各负其责，"3分钟到场"进行处置。

3. 要具备"三知四会"能力，即知道消防设施和器材位置、知道疏散通道和出口、知道建筑布局和功能；会组织疏散人员、会扑救初起火灾、会穿戴防护装备和会操作消防器材。

4. 站长职责

（1）负责微型消防站日常管理。

（2）组织制定及落实各项管理制度和灭火应急预案。

（3）组织防火巡查。

（4）组织消防宣传教育和应急处置训练。

（5）指挥初起火灾扑救和人员疏散。

（6）对发现的火灾隐患和违法行为进行及时整改。

5. 队员职责

（1）应熟练掌握消防设施、器材的性能和操作使用方法。

（2）熟悉设施器材的设置位置和灭火应急预案内容，发生火灾时主要负责扑救初起火灾、组织人员疏散工作。

（3）日常负责防火安全巡查检查工作。

6. 重要保卫时段工作职责

在重大活动、重要节假日和重要时间节点，加强力量重点防护，并做好如下工作：

（1）对单位内部疏散通道、厨房、库房等重点区域开展一次消防安全自查。

（2）对电气线路敷设、电器产品的使用开展一次检查。

（3）对自动消防设施进行一次联动测试。

（4）开展一次全员培训和应急疏散演练。

（5）将活动详情和应急预案报告给当地消防救援部门。

三、器材配备

1. 微型消防站应设置人员值守、器材存放等用房，可与消防控制室合用；有条件的，可单独设置。可根据需要在建筑之间分区域设置消防器材存放点。

2. 应根据扑救初起火灾需要，配备一定数量的灭火器、水枪、水带等灭火器材；配置外线电话、手持对讲机等通信器材；有条件的站点可选配消防头盔、灭火防护服、防护靴、破拆工具等器材。

四、火场处置流程

1. 发现火灾后，应向消防控制室报告火灾情况，并利用就近的消火栓、灭火器、消防水桶等器材扑救火灾。

2. 消防控制中心确认火警信息后，应立即启动消防应急广播等消防设施，同时报火警119，通知相关人员迅速开展应急处置工作。

3.负责灭火工作的人员应快速前往起火点，进行灭火。

4.负责疏散工作的人员应佩戴防毒防烟面罩，指挥、引导各楼层顾客向安全出口撤离。

5.负责对接消防救援力量的人员应在室外将到场的消防车引向距起火点最近的安全出口处。

第三节　消防安全重点部位

一、观众厅

1.观众厅内疏散走道的净宽度应按每100人不小于0.6m计算，且不应小于1.0m；边走道的净宽度不宜小于0.8m。

2.布置疏散走道时，横走道之间的座位排数不宜超过20排；纵走道之间的座位数不宜超过26个。前后排座椅的排距不小于0.9m时，可增加1.0倍，但不得超过50个；仅一侧有纵走道时，座位数应减少一半。

3.供观众疏散的所有内门、外门、楼梯和走道的各自总净宽度，应根据疏散人数按每100人的最小疏散净宽度不小于《建筑设计防火规范》（GB 50016-2014）（2018版）5.5.20-2的规定计算确定。

4.禁止占用、堵塞、封闭疏散通道、安全出口或者其他妨碍安全疏散行动。

5.建筑消防设施应保持完好有效，且不应存在挪用、遮挡、擅自拆除、停用的情况。

6.禁止违规采用聚氨酯、聚苯乙烯、海绵、毛毯、木板等易燃可燃材料装饰装修，以及在承办大型活动期间为营造气氛大量采用易燃可燃材料装饰。

二、商业活动场所

1.商业活动场所疏散门净宽度不应小于1.4m，主要疏散走道应直通安全出口，营业厅的安全疏散路线不应穿越仓库、办公室等功能性用房。

2. 任何一点至最近安全出口或疏散门的直线距离不宜大于30m，且行走距离不应大于45m。

3. 餐饮场所的食品加工区的明火部位应靠外墙布置，应采用耐火极限不低于2.0h的防火隔墙、乙级防火门与其他部位分隔。敞开式的食品加工区应采用电能加热设施，不应使用液化石油气作燃料，不得违规使用醇基燃料。

三、制冷设备

1. 制冷机房应采用不燃材料进行建造，禁止违规采用易燃可燃保温材料。

2. 电气线路敷设必须符合消防技术标准和管理规定，禁止超负荷使用用电设备。

3. 定期对电气线路、制冷设备进行检测、维护保养。

4. 禁止违规采用液氨作制冷剂。

5. 与场馆内其他部位应采用防火墙，且设置甲级防火门进行分隔。

6. 禁止违规进行电焊、气焊、切割等明火作业。

四、主控机房

1. 与建筑其他部位采用防火隔墙进行分隔。

2. 按照消防技术标准设置各类设备。

3. 电气线路敷设必须符合消防技术标准和管理规定，禁止超负荷使用用电设备。

4. 制定操作规程，操作人员严格遵守规程。

5. 严禁非机房工作人员进入，特殊情况须由负责人批准，并认真填写登记表格方可进入。

6. 进入机房不得携带易燃、易爆、腐蚀性、强电磁、辐射性等对设备正常运行构成威胁的物品。

五、配电室

1. 配电室应设置甲级防火门并设置警示标志。

2. 配电室内应配备二氧化碳灭火器和应急照明。

3. 配电室内不得堆放杂物。

六、柴油发电机房

1. 应采用耐火极限不低于2.0h的防火隔墙和1.5h的不燃性楼板与其他部位分隔，门应采用甲级防火门。

2. 机房内设置储油间时，其总储存量不应大于$1m^3$，储油间应采用耐火极限不低于3.0h的防火隔墙与发电机间分隔；确需在防火隔墙上开门时，应设置甲级防火门。

3. 应设置应急照明和消防电话。

4. 手动启动柴油发电机，查看是否能正常启动。

七、高位消防水箱间

1. 查看消防水箱水位高度，判断实有储水量是否满足要求（管液位仪照片整体和特写）。

2. 消防水箱的补水管阀门应处于开启状态，当和生活用水合用时，生活用水的出水管应设在水箱顶部。

3. 水箱间应设置应急照明和消防电话。

八、库房

1. 设置在建筑内的库房应采用耐火极限不低于3.0h的防火隔墙与营业、办公部分完全分隔，通向观众厅的开口应设置甲级防火门。

2. 库房内敷设的电气线路应穿金属管保护，照明灯具下面0.5m范围内不应有可燃物。

3. 库房内严禁使用明火。

4. 库房严禁储存易燃易爆危险品。

九、电气管理

1. 电气线路敷设、设备安装和维修应当由具备相应职业资格的人员按国家现行标准要求和操作规程进行。

2. 不应长时间超负荷运行，不应带故障使用电气设备。

3. 不应私拉乱接电线，电气线路不应敷设在可燃物上，插座（插排）

周围0.5m范围内不能有可燃物，顶棚内敷设的电气线路应穿金属管。

4. 对电气线路、设备的运行及维护情况应定期检查、检测。

5. 活动结束时，应切断场所的非必要电源。

6. 不应在室内停放电动车或为电动车充电。

十、用火管理

1. 楼内显著位置要有禁烟标识和违反者惩罚措施提示。

2. 禁止在举行活动、赛事时间内进行动火作业。

3. 需要动火作业的区域，应与使用、营业区进行防火分隔，并加强消防安全现场监管。

4. 电焊等明火作业前，实施动火的部门和人员应按照制度办理动火审批手续，清除可燃、易燃物品，配置灭火器材，落实现场监护人员和安全措施，在确认无火灾、爆炸危险后方可动火作业。

十一、装修材料

1. 不应使用易燃可燃材料夹心的彩钢板搭建临时建筑。

2. 疏散楼梯间和前室的顶棚、墙面和地面均应采用不燃材料，地上水平疏散走道和安全出口的门厅顶棚应采用不燃材料，其余部位不应低于难燃材料。

3. 用于比赛、训练部位的室内墙面装修和顶棚（包括吸声、隔热和保温处理），应采用不燃烧体材料。当此场所内设有火灾自动灭火系统和火灾自动报警系统时，室内墙面和顶棚装修可采用难燃烧体材料。

4. 固定座位应采用烟密度指数50以下的难燃材料制作，地面可采用不低于难燃等级的材料制作。

第四节　疏散救援设施

一、消防车通道

1. 消防车通道应保持畅通，不应被占用、堵塞、封闭。

2. 不应设置妨碍消防车通行的停车泊位、路桩、隔离墩、地锁等障碍物，并须设有严禁占用等标志，在地面设有标识线。

3. 消防车道靠建筑外墙一侧的边缘距离建筑外墙不宜小于5m。

4. 消防车道与建筑之间不应设置妨碍消防车操作的树木、架空管线等障碍物。

5. 消防车道的净宽度和净空高度均不应小于4m；消防车道的坡度不应大于10%。兼做消防救援场地的消防车道，坡度尚应满足消防车停靠和消防救援作业的要求。

二、安全出口及疏散楼梯

1. 体育馆的观众厅或多功能厅的疏散门不应少于2个，且每个疏散门的平均疏散人数不应大于250人；当容纳人数大于2000人时，其超过2000人的部分，每个疏散门的平均疏散人数不应大于400人。

2. 体育馆的观众厅的疏散门不应设置门槛，其净宽度不应小于1.4m，且紧靠门口内外各1.4m范围内不应设置踏步。

3. 体育馆的疏散走道、疏散楼梯、疏散门、安全出口的各自总净宽度，应符合下列要求：

（1）体育馆观众厅内疏散走道的净宽度应按每100人不小于0.6m计算，且不应小于1.0m；边走道的净宽度不宜小于0.8m。布置疏散走道时，横走道之间的座位排数不宜超过20排；纵走道之间的座位数每排不宜超过26个；前后排座椅的排距不小于0.9m时，可增加1.0倍，但不得超过50个；

仅一侧有纵走道时，座位数应减少一半。

（2）体育馆观众厅外疏散走道的净宽度不应小于1.1m。

（3）有等场需要的入场门不应作为观众厅的疏散门。

4. 安全出口数量不应少于2个，疏散门应向疏散方向开启，不能采用卷帘门、转门和侧拉门，不能上锁和封堵，应保持畅通。

5. 疏散楼梯的净宽度不应小于1.1m，其中高层公共建筑的疏散楼梯净宽度不应小于1.2m。

6. 楼梯间内不能堆放杂物，严禁设置地毯、窗帘、KT板广告牌等可燃材料。

7. 通向室外疏散楼梯的门应采用乙级防火门，应向外开启，不应正对楼梯段。

8. 室外疏散楼梯的梯段和缓台均应采用不燃材料制作，保持畅通。

9. 室外疏散通道的净宽度不应小于3m，并应直接通向宽敞地带。

第五节　消防设施器材

一、疏散指示标志

1. 观众席的安全出口上方和疏散走道出口、转折处应设疏散标志灯。疏散走道内应设疏散指示标志。疏散路线的疏散指示、导向标志灯、疏散标志灯，必须满足疏散时视觉连续的需要。疏散指示标志不应被遮挡。

2. 应选择采用节能光源的灯具，标志灯应选择持续型灯具。其中安全出口标志灯应安装在安全出口或疏散门内侧上方居中的位置。疏散指示标志应设置在疏散走道及其转角处距地面高度1.0m以下的墙面或地面上，当安装在疏散走道、通道上方时，室内高度不大于3.5m的场所，标志灯底边距地面的高度宜为2.2m～2.5m；室内高度大于3.5m的场所，特大型、大型、中型标志灯底边距地面高度不宜小于3m，且不宜大于6m。

3. 灯光疏散指示标志的标志面与疏散方向垂直时，灯具的设置间距不应大于20m；标志灯的标志面与疏散方向平行时，灯具的设置间距不应大于10m。

4. 场馆内的灯光疏散指示标志的规格不应小于0.85m×0.30m。

二、应急照明灯

1. 安全出口正上方、疏散走道内，建筑面积大于200㎡的人员密集场所顶棚墙面上设应急照明灯。

2. 平时主电状态是绿灯、故障状态是黄灯、充电状态是红灯，现场按下测试按钮，应保持常亮状态。

3. 连续供电时间不应少于0.5h。

三、灭火器

1. 一般都是配备ABC干粉灭火器，压力表指针在绿区；机房、配电室等电气设备用房应配备二氧化碳灭火器。

2. 灭火器应有红色消防产品身份标识，体育馆的舞台及后台部分配备的干粉灭火器应为5kg及以上的产品；观众厅配备的干粉灭火器应为3kg及以上的产品。

3. 灭火器应放在明显和便于取用的地点，灭火器箱不应被遮挡、上锁，开启应灵活。

4. 灭火器的零部件齐全，无松动、脱落或损伤，铅封等保险装置无损坏或遗失。

5. 喷射软管应完好，无明显裂纹，喷嘴无堵塞。

6. 干粉灭火器、二氧化碳灭火器出厂期满5年后进行首次维修，之后每2年维修一次；二氧化碳灭火器的报废期限为12年，干粉灭火器的报废期限为10年。

7. 手提式灭火器宜设置在灭火器箱内或挂钩、托架上，其顶部离地面高度不应大于1.5m；底部离地面高度不宜小于0.08m。灭火器箱不得上锁。

四、防火门

1. 常闭式防火门应有红色的消防产品合格标志，且处于关闭状态，门扇启闭应灵活，无关闭不严的现象；门框、门扇、门槛、把手、锁、防火密封条、闭门器、顺序器等组件应保持齐全、好用。

2. 常闭式防火门应有"保持常闭"字样标识。

3. 门框上的缝隙、孔洞应采用水泥砂浆等不燃烧材料填充。

4. 释放单扇防火门，门扇应能自动关闭；释放双、多扇防火门，观察门扇是否能实现顺序关闭，并保持严密。

5. 常开式防火门检查时，按下其释放器的手动按钮，防火门应自行关闭且严密，闭门信号应传送至消防控制室。

五、室内消火栓系统

1. 消火栓不应被埋压、圈占、遮挡。

2. 消火栓箱门应张贴操作说明，能正常开启且开启角度不小于120°。

3. 水带、水枪、接口应齐全，水带不应破损，水带与接口应牢靠，消火栓栓口方向应向下或与墙面成90°角，检查时，应在顶层进行出水测试，水压符合要求。

4. 设有消火栓报警按钮的，接线完好，有巡检指示功能的其巡检指示灯应闪亮。

5. 按下消火栓按钮，指示灯应常亮，火灾报警控制柜应收到反馈信号。

6. 消防软管卷盘的胶管不应粘连、开裂，与喷枪、阀门等连接应牢固；阀门操作手柄应完好；打开供水阀，各连接处无渗漏；开启喷枪，检查其喷水情况应正常。

六、室外消火栓系统

1. 室外消火栓不应被埋压、圈占、遮挡。

2. 地下消火栓应有明显标识，井盖能顺利开启，井内不能存有积水以及妨碍操作的杂物等。

3. 使用消火栓扳手检查消火栓闷盖，阀杆操作应灵活。

4. 连接消防水带测试室外消火栓，供水压力应符合规定，栓口无漏水现象。

5. 冬季应做好防寒措施。

七、火灾自动报警系统

（一）火灾探测器

1. 体育馆高大空间应选用线型光束探测器或吸气式感烟探测器。

2. 线型光束火灾探测器接收端应避开日光和人工光源直接照射；吸气式感烟探测器吸气口不应背对气流方向。

3. 对探测器进行模拟测试，探测器应处于常亮状态，报警控制器应能够显示火灾报警信号，能打印火灾信息，系统显示时间应和实际时间一致。

感烟探测器　　　　　　　感温探测器

火焰探测器　　　　防爆红外光束线型感烟探测

（二）手动火灾报警按钮

1. 查看具有巡检指示功能的手动报警按钮的指示灯应正常闪亮，表面无破损，周围不应存在影响辨识和操作的障碍物；

2. 按下手动报警按钮进行报警试验，报警确认灯应常亮，核实火灾报警控制器应接收到其发出的火警信号。

八、自动喷水灭火系统

1. 当最大净空高度为12m＜h≤18m时，应采用非仓库型特殊应用喷头。

2. 检查末端试水装置组件（试水阀门、试水接头、压力表）是否完整，压力不应低于0.05MPa；

3. 末端试水装置应有醒目标志，地面应设置排水设施。

4. 打开末端试水放水阀进行放水试验，5分钟内消防水泵应自动启动，同时火灾报警控制器上应有水流指示器、压力开关报警信号及消防水泵的动作反馈信号。

九、消防水泵

1. 消防水泵房应设置应急照明和消防电话，采用耐火极限不低于2.0h的防火隔墙和1.5h的楼板与其他部位分隔；疏散门应直通室外或安全出口，开向疏散走道的门应采用甲级防火门；

2. 消防水泵应注明系统名称，应有主、备泵标识，消防给水设施的管道阀门应有开/关的状态标识；

3. 消防水泵控制柜转换开关应处于"自动"运行模式；将消防水泵控制的转换开关置于"手动"模式，分别按下主、备泵的"启动"按钮，待"启动"指示灯亮起再按下相应的"停止"按钮，水泵应能正常启动和停止；

4. 在消防控制室消防联动控制器上进行手动启、停消防泵的操作，泵组启、停应正常，控制器应有消防泵启动、动作反馈和停止的信号显示。

十、稳压设施

1. 气压罐及其组件外观不应存在锈蚀、缺损情况，标志应清晰、完整。

2. 电气控制箱应处于通电状态，将电气控制箱旋钮调至"手动"模式，分别按下主、备泵的"启动"按钮，待"启动"指示灯亮起再按下相应的"停止"按钮，稳压泵应能正常启动和停止。

3. 稳压系统的电接点压力表应有启停泵数值参数标识。

十一、消防水泵接合器

1. 水泵接合器设置应不被埋压、圈占、遮挡，应设置永久性标牌标明所属系统和区域，相关组件应完好有效。

2. 地下式水泵接合器井内无积水，应有防冻措施。

十二、防排烟设施

排烟系统分为自然排烟系统和机械排烟系统；防烟系统分为自然通风系统和机械加压送风系统。

（一）自然排烟设施

自然排烟主要利用可开启的外窗进行排烟。

（二）机械排烟系统

1. 排烟风机的铭牌应牢固，应有注明系统名称和编号的醒目标识；

风机与风管连接处应严密，连接材料不应老化和破损且周围不应存放可燃物。

2. 排烟风机房内不应堆放杂物，应设置应急照明和消防电话。

3. 控制柜应有注明系统名称和编号的醒目标识；仪表、指示灯应正常，转换开关应处于"自动"运行模式。

4. 在风机控制柜或消防控制室消防联动控制器转换开关处于"自动"运行模式时，按下"启动"按钮，风机应能正常启动并有反馈信号，在排烟口处用纸张进行风向和风量的测试，纸张应能被吸住，按下"停止"按钮，风机应停止运行并有反馈信号。

（三）机械加压送风系统

1. 风机的铭牌应牢固，应有注明系统名称和编号的醒目标识；风机与风管连接处应严密，连接材料不应老化和破损且周围不应存放可燃物。

2. 风机房内不许堆放杂物，应设置应急照明和消防电话。

3. 控制柜应有注明系统名称和编号的醒目标识；仪表、指示灯应正常，转换开关应处于"自动"运行模式。

4. 在风机控制柜或消防控制室消防联动控制器转换开关处于"自动"运行模式时，按下"启动"按钮，风机应能正常启动并有反馈信号，在送风口处进行风向和风量的测试，送风口应能明显感觉有风吹出，按下"停止"按钮，风机应停止运行并有反馈信号。

十三、防火卷帘

1. 防火卷帘下方不应存在影响卷帘门正常下降的障碍物，周围0.3m范围内不得堆放物品。

2. 检查防火卷帘防护罩（箱体）至顶棚、梁、墙、柱之间的空隙，应采用防火封堵材料封堵，并保持完好。

3. 防火卷帘控制器应处于无故障的工作状态，手动按下防火卷帘控制器"下行"按钮，卷帘应向下运行平稳并保持顺畅，下降到地面后不应存在缝隙；按下"上行"按钮，观察卷帘上升到高位时应能正常停止；卷帘运行过程中随时按停止按钮，卷帘应停止运行。

十四、消防控制室

1. 疏散门应直通室外或安全出口，开向建筑内的门应采用乙级防火门。

2. 室内应设置应急照明以及外线电话。

3. 应实行24小时专人值班制度，每班不少于2人，值班人员应持有四级（中级）及以上等级证书。

4. 应查阅《消防控制室值班记录》（值班人员应每2小时记录一次值班情况）、《巡查记录表》、《检测记录表》（详见《建筑消防设施的维护管理》（GB 25201–2010）），通过查阅火灾报警控制器的历史信息，对比值班记录，检查值班人员记录火警或故障等信息是否及时。

5. 查阅交接班记录，检查交接班记录是否填写规范，并通过对照笔迹的方式查看是否由本人签字。

6. 火灾报警控制器应设在自动状态，按下火灾报警控制器自检按钮，火灾报警声、光信号应正常，切断火灾报警控制器的主电源，备用电源应自动投入运行。

7. 应询问值班人员是否熟知火灾处置流程。

8. 应存放各类消防资料、台账及火灾报警地址码图。

第三部分

公共娱乐场所
消防安全检查

第一章 公共娱乐场所主要火灾风险

公共娱乐场所是指向公众开放的下列室内场所：影剧院、录像厅、礼堂等演出、放映场所；舞厅、卡拉OK厅等歌舞娱乐场所；具有娱乐功能的夜总会、音乐茶座和餐饮场所；游艺、游乐场所；保龄球馆、旱冰场、桑拿浴室等营业性健身、休闲场所。

第一节 起火风险

一、明火源风险

1. 顾客及员工违规吸烟，随意丢弃未熄灭的烟头。

2. 违规使用明火、点蜡、焚香；违规燃放烟花等。

3. 厨房使用明火不慎、油锅过热起火；违规使用瓶装液化石油气及甲、乙类液体燃料。

4. 违规进行电焊、气焊、切割等明火作业。

二、电气火灾风险

1. 电气线路敷设不符合要求，电气线路老化、绝缘层破损、线路受潮、水浸；电气线路存在过热、锈蚀、烧损、熔焊、电腐蚀等痕迹，造成漏电、短路、超负荷等问题。

2. 电气线路选型不当、连接不可靠；电气线路、电源插座、开关安装敷设在可燃材料上；线路与插座、开关连接处松动，插头与插套接触处松动。

3. 游艺设备等大功率用电设备及其电气线路安装敷设不符合要求，外部电源线采用移动式插座连接；用电设备停、送电不规范，线路实际荷载超过额定荷载；应急电源运行异常或无法实现切换，蓄电池超期使用、容量不足。

4. 选用或购买不符合国家标准的插座、充电器、用电设备等电器产品；违规使用电加热茶壶、电磁炉、热水器、微波炉、电暖器等大功率电器。

5. 除冰箱、冷柜等必须持续通电的设备，其他用电设备未在营业结束闭店时采取断电措施。

6. 仓库内电气线路敷设不规范，违规使用卤钨灯等高温灯具，电气线路未穿管保护，照明灯具未按要求安装防护罩。

7. 节日期间临时加装的亮化灯具、LED显示屏、灯箱、用电设备超出线路荷载。

8. 弱电井、强电井内强电与弱电线路交织；配电箱未按要求安装漏电保护装置，强弱电线路共用一个配电箱，配电箱线路出现温度过高现象，配电箱周围堆放易燃可燃物品。

9. 电动自行车违规在场所内停放、充电，员工将电动自行车蓄电池带至营业区、办公区、休息区充电。

10. 场所内外墙广告牌、灯箱破损或密封不严，电气线路敷设不规范，因漏风渗水问题引发电气故障。外墙、室内场所霓虹灯、装饰灯及其电气线路、控制器、变压器直接敷设安装在易燃可燃材料上，未采取隔热防火措施。

三、可燃物风险

1. 违规采用聚氨酯、聚苯乙烯、海绵、毛毯、木板等易燃可燃材料装饰装修。

2. 节日及大型活动期间为营造气氛大量采用易燃可燃材料装饰，如易燃可燃物挂件、塑料仿真树木、玻璃钢模型道具、海洋球、氢气球等各类装饰造型等。

3. 建筑内外及屋面违规搭建易燃可燃夹芯材料彩钢板房。

4. 仓库内大量易燃可燃货物随意堆放，违规存放酒精等易燃易爆物品。

5. 建筑外墙外保温材料的燃烧性能不符合要求，外保温材料防护层脱落、破损、开裂，外保温系统防火分隔、防火封堵措施失效。

6. 建筑垃圾、可燃杂物未及时清理，随意堆放在屋顶、楼梯间、疏散走道、地下室、设备用房、电缆井、管道井等区域。

第二节　火灾状态下人员安全疏散风险

1. 电影院、KTV等场所经常停留人数超过疏散人数。违规设置员工宿舍，违规增设夹层、隔间作为人员休息区域。

2. 与住宅违规合用疏散楼梯、安全出口。

3. 应急广播系统不能正常使用，疏散提示内容不清晰、不准确，不能向全区域播送；室内应急照明数量不足、亮度不够；疏散指示标识设置不符合要求或被遮挡。

4. 安全出口、疏散通道占用、堵塞、封闭，安全出口、疏散通道处设置的门禁系统在火灾时无法正常开启，未在显著位置设置安全出口标识和使用提示，发生火灾时顾客及员工难以及时选择安全的疏散路线逃生。

5. KTV、酒吧等夜间营业的公共娱乐场所未落实保证夜间安全疏散的措施。

6. 防烟楼梯间及前室常闭式防火门处于常开状态，防烟阻火及正压送风功能受到影响，人员无法利用防烟楼梯间安全逃生。

7. 未制订灭火和应急疏散总预案、分预案和专项预案，未明确各防火分区或楼层区域的志愿消防员、疏散引导员，未定期组织开展应急疏散演练，发生火灾时组织安全疏散混乱无序。

8. 发生火灾后，防排烟设施不能及时有效启动，室内设置的排烟窗无法正常开启，防烟分区功能设施被破坏，导致起火区域有毒高温烟气快速蔓延。

9. 环形消防车道、消防车登高操作场地被占用；消防救援窗口无明显标识或外侧被广告牌和铁栅栏遮挡，内侧被货架货物等堵塞，影响灭火救援。

第三节　火灾蔓延扩大风险

1. 违规搭建库房、变电站、锅炉房、调压站等设备用房，或临时搭建车棚、广告牌、连廊等占用防火间距。

2. 违规改变防火防烟分区，防火防烟分区处的防火墙、防火门、防火窗、防火玻璃墙、防火卷帘、挡烟垂壁等未保持完好有效。尤其是防火卷帘不能正常联动，发生火灾后极易造成蔓延扩大。

3. 防火分隔设施未保持完好有效。

4. 管道井、电缆井、玻璃幕墙和防烟、排烟、供暖、通风、空调管道未做好横向、竖向防火封堵，变形缝、伸缩缝防火封堵不到位。

5. 火灾自动报警系统、自动灭火系统、消火栓系统、防烟排烟系统等消防设施运行不正常，发生火灾后不能早期预警、快速处置；擅自改变联动控制程序，导致部分设施无法联动启动。

6. 未落实特殊消防设计专家评审意见或擅自改变设计要求。

第四节　重点部位火灾风险

一、电影院

1. 售票处、休息厅、小卖部等处的爆米花机、制奶茶机等设备电气线路敷设不规范。

2. 放映机房未定期对放映设备、电气线路进行安全检测；影厅幕布上方及周边电气线路敷设不规范，照明灯具与幕布安装距离过近，且长时间保持高温；影厅内墙面固定插座松动。

3. 营业结束时未安排专人进行防火巡查，切断非必要电源，清除火种。

4. 窗帘、座椅、地毯、软包装、疏散门、吸声材料等违规采用易燃可燃材料装修装饰；影厅内吸声结构使用可燃材料搭建框架基础。

5. 电影院未保持2个以上安全出口和疏散楼梯（其中至少应按要求设置1个独立的安全出口和疏散楼梯）；夜间错时营业时，与其他场所共用的疏散楼梯不能保证疏散要求；擅自增设影厅和座位，影响疏散逃生。

6. 售票厅醒目位置未设置楼层平面疏散示意图，每个影厅门口未设置平面疏散示意图；电影院未按要求设置视觉连续的灯光疏散指示标志；疏散走道采用镜面反光材料。

7. 放映机房与影厅防火分隔不到位；影院不能紧急播放火灾逃生提示画面或声音广播；影厅应急照明照度不足。

8. 电影院员工组织疏散能力不足；放映机房无人值班巡查，值班巡查人员不掌握应急处置程序措施。

二、KTV等歌舞游艺娱乐场所

1. 包间内违规燃放冷烟花、使用蜡烛照明。

2. 节日期间临时加装的串串灯、轮廓灯等电气线路直接敷设在可燃物上。

3. 营业结束时未安排专人进行防火巡查，切断非必要电源，清除火种。

4. 空气清新剂、杀虫剂、含酒精的消毒用品以及高度酒类等储存不当，与用电设备、加热器具等未保持安全距离。

5. 休息厅、包厢内的沙发、软包等违规采用易燃可燃材料装修装饰。

6. 夜间错时营业时，与其他功能区域共用的疏散楼梯不能保证疏散要求；与其他功能区域防火分隔不符合要求。

7. 位于袋形走道两端的房间疏散距离不符合要求。

8. 门厅醒目位置未设置楼层平面疏散示意图，每个包厢门口未设置平面疏散示意图；疏散走道采用镜面反光材料；应急照明灯具数量和照度不足。

9. 包房内未设置开机消防提示画面，不能紧急切换播放火灾逃生提示画面、广播。

10. 员工组织疏散能力不足，不掌握应急处置程序措施。

三、游戏游艺场所

1. 违规设置密室逃生类游戏游艺场所。

2. 电气线路敷设不规范，直接敷设在可燃物上。

3. 大量使用塑料、泡沫类制作的游戏道具，违规采用泡沫、海绵、塑料、木板等易燃可燃材料装修装饰。

4. 擅自改变安全出口数量、疏散走道宽度及疏散距离；与其他功能区域防火分隔不符合要求。

5. 内部设置的道具、装修装饰、隔断等物品遮挡排烟口、火灾报警探测器、洒水喷头等消防设施。

6. 场所员工不了解本场所火灾危险性，不掌握应急处置程序措施，组织疏散能力不足。

四、施工现场

1. 施工现场消防安全管理制度不落实，未按要求设置灭火器等消防器材；施工部位与其他部位之间未采取防火分隔措施。

2. 动火作业未办理动火证，作业人员不具有相应资格。

3. 焊接、切割、烘烤或加热等动火作业前，未对周边可燃物进行清理，未封堵作业周边孔洞、缝隙，未落实现场监护措施。

4. 施工时破坏防火分隔、堵塞疏散通道，关停或遮挡消防设施；作业场所临时用电线路敷设不符合要求。

5. 施工区域未设置视频监控系统。

五、设备用房火灾风险

（一）配电室

1. 直流屏蓄电池电压、浮充电流不正常；配电柜开关触头存在变形、变色、热蚀等不正常现象；配电柜内温度过高，高温排热扇不能正常启动运行。

2. 变压器存在异响，温控器指示不正常，超温时风机不能正常启动，电流、电压超出正常额定范围。

3. 配电室内建筑消防设施设备的配电柜、配电箱无明显标识；消防联动模块放置在强电控制柜内。

4. 配电室开向建筑内的门未采用甲级防火门；配电室内堆放可燃杂物；配电室内的应急照明照度不足。

5. 配电室值班人员不掌握火灾状况下切断非消防设备供电、确保消防设备正常供电的操作方法。

6. 配电室内的气体灭火系统驱动装置电磁阀保险销处于止动状态，配电室未按要求配置灭火器。

（二）柴油发电机房

1. 柴油发电机润滑油位、过滤器、燃油量、蓄电池电位、控制箱不正常。

2. 机房内储油间总储存量大于$1m^3$，防火隔墙上开设的门未采用甲级防火门。

3. 储油间通气管未通向室外，未设置带阻火器的呼吸阀，油箱下部未设置防止油品流散的措施。

4. 发电机未定期维护保养，未落实每月至少启动一次要求。

5. 未采用防爆型灯具；事故排风装置未保持完好。

6. 柴油发电机房堆放可燃杂物。

（三）锅炉房

1. 燃气锅炉房内未设置可燃气体探测报警装置，不能联动控制锅炉房燃烧器上的燃气速断阀、供气管道的紧急切断阀和通风换气装置，未设置泄压设施。

2. 燃油锅炉房储油间轻柴油总储存量大于$1m^3$，防火隔墙上开设的门未采用甲级防火门。

3. 未采用防爆型灯具；事故排风装置未保持完好。

4. 锅炉房设置在综合体内人员密集场所的上、下层或毗邻位置，以及主要通道、疏散出口的两侧。

第二章　公共娱乐场所消防安全检查要点

第一节　消防安全管理

一、消防档案

（一）消防档案要求

消防档案应包括消防安全基本情况和消防安全管理情况，档案内容翔实，能全面反映单位消防基本情况，并附有必要的图表，根据实际情况及时更新。

（二）消防安全基本情况档案

1. 建筑的基本概况和消防安全重点部位情况。

2. 所在建筑消防设计审查、消防验收或消防设计、消防验收备案相关资料。

3. 消防组织和各级消防安全责任人。

4. 微型消防站设置及人员、消防装备配备情况。

5. 相关租赁合同。

6. 消防安全管理制度和保证消防安全的操作规程，灭火和应急疏散预案。

7. 消防设施、灭火器材配置情况。

8. 专职消防队、志愿消防队人员及其消防装备配备情况。

9. 消防安全管理人、自动消防设施操作人员、电气焊工、电工、易燃

易爆危险品操作人员的基本情况。

10. 新增消防产品质量合格证，新增建筑材料和室内装修、装饰材料的防火性能证明文件。

（三）消防安全管理情况档案

1. 消防安全例会记录或会议纪要、决定。

2. 消防救援机构填发的各种法律文书。

3. 消防设施定期检查记录、自动消防设施全面检查测试的报告、单位与具有相关资质的消防技术服务机构签订维护保养合同以及维修保养的记录（记录要有消防技术服务机构公章和人员签字）。

4. 火灾隐患、重大火灾隐患及其整改情况记录。

5. 消防控制室值班记录。

6. 防火检查、巡查记录。

7. 有关燃气、电气设备检测，动火审批，厨房烟道清洗等工作的记录资料。

8. 消防安全培训记录。

9. 灭火和应急疏散预案的演练记录。

10. 各级和各部门消防安全责任人的消防安全承诺书。

11. 火灾情况记录。

12. 消防奖励情况记录。

二、消防安全责任制落实

实地抽查提问消防安全责任人、管理人，检查是否熟知以下工作职责：

（一）消防安全责任人工作职责

1. 贯彻执行消防法律法规，保障单位消防安全符合国家消防技术标准，掌握本单位的消防安全情况，全面负责本场所的消防安全工作。

2. 统筹安排本场所的消防安全管理工作，批准实施年度消防工作计划。

3. 为本单位的消防安全管理工作提供必要的经费和组织保障。

4. 确定逐级消防安全责任，批准实施消防安全管理制度和保障消防安全的操作规程。

5. 组织召开消防安全例会，组织开展防火检查，督促整改火灾隐患，及时处理涉及消防安全的重大问题。

6. 根据有关消防法律法规的规定建立专职消防队、志愿消防队（微型消防站），并配备相应的消防器材和装备。

7. 针对本场所的实际情况，组织制订符合本单位实际的灭火和应急疏散预案，并实施演练。

（二）消防安全管理人工作职责

1. 拟订年度消防安全工作计划，组织实施日常消防安全管理工作。

2. 组织制定消防安全管理制度和保障消防安全的操作规程，并检查督促落实。

3. 拟订消防安全工作的经费预算和组织保障方案。

4. 组织实施防火检查和火灾隐患整改。

5. 组织实施对本单位消防设施、灭火器材和消防安全标志的维护保养，确保其完好有效和处于正常运行状态，确保疏散通道、走道和安全出口、消防车通道畅通。

6. 组织管理专职消防队或志愿消防队（微型消防站），开展日常业务训练，组织初起火灾扑救和人员疏散。

7. 组织从业人员开展岗前和日常消防知识、技能的教育和培训，组织灭火和应急疏散预案的实施和演练。

8. 定期向消防安全责任人报告消防安全情况，及时报告涉及消防安全的重大问题。

9. 管理单位委托的物业服务企业和消防技术服务机构。

10. 单位消防安全责任人委托的其他消防安全管理工作。

未确定消防安全管理人的单位，上述规定的消防安全管理工作由单位消防安全责任人负责实施。

三、消防安全管理制度

（一）消防安全制度内容

1. 消防安全教育、培训。

2. 防火巡查、检查；安全疏散设施管理。

3. 消防控制室值班。

4. 消防设施、器材维护管理。

5. 用火、用电安全管理。

6. 微型消防站的组织管理。

7. 灭火和应急疏散预案演练。

8. 燃气和电气设备的检查和管理。

9. 火灾隐患整改。

10. 消防安全工作考评和奖惩。

11. 其他必要的消防安全内容。

（二）多产权、多使用单位管理

1. 应明确多产权、多使用单位或者承包、租赁、委托经营单位消防安全责任。

2. 消防车通道、涉及公共消防安全的疏散设施和其他建筑消防设施应当由产权单位或者委托管理的单位统一管理。

3. 在与商户或业主签订相关租赁或者承包合同时，应在合同内明确各方的消防安全职责。各业主应当在各自职责范围内履行职责。

4. 实行统一管理时，应制定统一的管理标准、管理办法，明确隐患问题整改责任、整改资金、整改措施。

（三）防火巡查、检查

1. 翻阅《防火巡查记录》《防火检查记录》，查看是否每2小时进行一次防火巡查，是否至少每个月进行一次防火检查，是否如实登记火灾隐患情况。

2. 《防火巡查记录》《防火检查记录》中，巡查、检查人员和管理人

是否分别在记录上签名，并通过核对笔迹的方式确定签字的真实性。

3. 对照单位的《防火巡查记录》《防火检查记录》中记录的隐患，实地查看整改及防范措施的落实情况。

（四）消防安全培训教育

1. 应对全体员工至少每半年进行一次消防安全培训，对新上岗和进入新岗位的员工应进行岗前消防安全培训。

2. 培训内容应以教会员工电气等火灾风险及防范常识，灭火器和消火栓的使用方法，防毒防烟面具的佩戴，人员疏散逃生知识等为主。

查看员工消防安全培训记录、培训照片等资料是否真实，是否记明培训的时间、参加人员、内容，参训人员是否签字，随机抽查单位员工消防安全"四个能力"（即检查消除火灾隐患能力、组织扑救初起火灾能力、组织人员疏散逃生能力、消防宣传教育培训能力）掌握情况。

消防安全教育培训记录表			
培训时间		培训地点	
参加人数		授课人	
参加培训人员：			
培训内容： **消防安全知识"三懂"** 一、懂本单位火灾危险性 　　1.防止触电；2.防止引起火灾；3.可燃、易燃品、火源。 二、懂预防火灾的措施 　　1.加强对可燃物质的管理；2.管理和控制好各种火源；3.加强电气设备及其线路的管理；4.易燃易爆场所应有足够的适用的消防设施，并要经常检查做到会用、有效。 三、懂灭火方法 　　1.冷却灭火方法；2.隔离灭火方法；3.窒息灭火方法；4.抑制灭火方法。 **消防安全知识"四会"** 一、会报警 　　1.大声呼喊报警，使用手动报警设备报警；2.如使用专用电话、手动报警按钮、消火栓按键击碎等；3.拨打119火警电话，向当地消防救援机构报警。			

续表

二、会使用消防器材

拔掉保险销，握住喷管喷头，压下提把，对准火焰根部即可。

三、会扑救初期火灾

在扑救初期火灾时，必须遵循：先控制后消灭，救人第一，先重点后一般的原则。

四、会组织人员疏散逃生

1. 按疏散预案组织人员疏散；2. 酌情通报情况，防止混乱；3. 分组实施引导。

消防安全"四个能力"基本内容

1. 检查消除火灾隐患能力：查用火用电，禁违章操作，查通道出口，禁堵塞封闭，查设施器材，禁损坏挪用，查重点部位，禁失控漏管；2. 扑救初起火灾能力：发现火灾后，起火部位员工1分钟内形成第一灭火力量，火灾确认后，单位3分钟内形成第二灭火力量；3. 组织疏散逃生能力：熟悉疏散通道，熟悉安全出口，掌握疏散程序，掌握逃生技能；4. 消防宣传教育能力：消防宣传人员，有消防宣传标志，有全员培训机制，掌握消防安全常识。

微型消防站"三知四会一联通"

1. "三知"：微型消防站队员要知道单位内部消防设施位置、知道疏散通道和出口、知道建筑布局和功能；2. "四会"：会组织疏散人员、会扑救初起火灾、会穿戴防护装备、会操作消防器材；3. "一联通"：消防救援支队或大中队与微型消防站、微型消防站与队员保持通信联络畅通。

培训照片：

（五）灭火和应急疏散预案及演练

1. 应至少每半年组织一次全员参与的灭火和应急疏散预案演练。

2. 翻阅灭火和应急疏散预案，查看是否有针对性地制订灭火和应急疏

散预案，是否根据建筑改造、人员调整等情况，及时进行修订。灭火和急疏散预案应当至少包括下列内容：

（1）建筑的基本情况、重点部位及火灾风险分析。

（2）明确火灾现场通信联络、灭火、疏散、救护、对接消防救援力量等任务的负责人、组成人员及各自职责。

（3）火警处置程序。

（4）应急疏散的组织程序和措施。

（5）扑救初起火灾的程序和措施。

（6）通信联络、安全防护和人员救护的组织与调度程序和保障措施。

3. 翻阅演练记录、照片等材料，查看演练的时间、地点、内容、参加人员是否属实，演练是否以人员集中、火灾危险性较大和重点部位为模拟起火点、是否全员参与、是否按照预案内容进行模拟演练，并随机询问员工是否熟知本岗位职责、应急处置程序等情况。

（六）消防宣传提示

1. 应在安全出口处张贴"三自主两公开一承诺"（自主评估风险、自主检查安全、自主整改隐患，向社会公开消防安全责任人、管理人，并承诺本场所不存在突出风险或者已落实防范措施）公示牌。

2. 要营造单位内部宣传氛围，利用内部LED电子显示屏、大屏幕和楼内广播等滚动播放消防安全常识。

3. 各楼层在显著位置张贴宣传挂图以及安全疏散逃生示意图，疏散指示图上应标明疏散路线、安全出口和疏散门、人员所在位置和必要文字说明。

4. 制冷设备房、配电室、厨房和库房等重点部位张贴火灾风险提示。

第二节　微型消防站建设

一、人员设置

1. 人员数量设置原则上不少于6人。

2. 应结合实际设站长、队员等岗位。

3. 站长由单位消防安全管理人担任，队员由其他员工担任。

二、日常工作职责

1. 应定期组织开展业务训练，每个月至少开展一次全员拉动测试。

2. 人员应保持随时在岗在位，确保接到火警信息后能各负其责，"3分钟到场"进行处置。

3. 要具备"三知四会"能力，即知道设施和器材位置、知道疏散通道和出口、知道建筑布局和功能；会组织疏散人员、会扑救初起火灾、会穿戴防护装备和会操作消防器材。

4. 站长职责

（1）负责微型消防站日常管理。

（2）组织制定及落实各项管理制度和灭火应急预案。

（3）组织防火巡查。

（4）组织消防宣传教育和应急处置训练。

（5）指挥初起火灾扑救和人员疏散。

（6）对发现的火灾隐患和违法行为进行及时整改。

5.队员职责

（1）应熟练掌握消防设施、器材的性能和操作使用方法。

（2）熟悉设施器材的设置位置和灭火应急预案内容，发生火灾时主要负责扑救初起火灾、组织人员疏散工作。

（3）日常负责防火安全巡查检查工作。

6.重要保卫时段工作职责

在重大活动、重要节假日和重要时间节点，加强力量重点防护，并做好如下工作：

（1）对单位内部疏散通道、厨房、库房等重点区域开展一次消防安全自查。

（2）对电气线路敷设、电器产品的使用开展一次检查。

（3）对自动消防设施进行一次联动测试。

（4）开展一次全员培训和应急疏散演练。

（5）将活动详情和应急预案报告给当地消防救援部门。

三、器材配备

应当根据本场所火灾危险性特点，每人配备手台、防毒防烟面罩等灭火、通信和个人防护器材装备。

四、火场处置流程

1.发现火灾后，应向消防控制室报告火灾情况，并利用就近的消火栓、灭火器、消防水桶等器材扑救火灾。

2.消防控制中心确认火警信息后，应立即启动消防应急广播等消防设施，同时报火警119，通知相关人员迅速开展应急处置工作。

3.负责灭火工作的人员应快速前往起火点，进行灭火。

4.负责疏散工作的人员应佩戴防毒防烟面罩，指挥、引导楼层人员向安全出口撤离。

5.负责对接消防救援力量的人员应在室外将到场的消防车引向距起火点最近的安全出口处。

第三节 消防安全重点部位

一、用电及装修材料

1. 电气线路敷设、设备安装和维修应当由具备相应职业资格的人员按国家现行标准要求和操作规程进行。

2. 不应长时间超负荷运行，不应带故障使用电气设备。

3. 不应私拉乱接电线，电气线路不应敷设在可燃物上，插座（插排）周围0.5m范围内不能有可燃物，顶棚内敷设的电气线路应穿金属管。

4. 对电气线路、设备的运行及维护情况应定期检查、检测。

5. 营业结束时，应切断营业场所的非必要电源。

6. 场所内不应停放电动车，不应在室内为电动车充电。

7. 不应使用易燃可燃材料夹心的彩钢板搭建临时建筑。

8. 建筑内部装修应采用不燃和难燃性材料。

二、配电室

1. 配电室应设置甲级防火门并设置警示标志。

2. 配电室内应配备二氧化碳灭火器和应急照明。

3. 配电室内不得堆放杂物。

三、厨房

1. 厨房应采用耐火极限不低于2.0h的防火隔墙和乙级防火门、窗与其他部位分隔。

2. 厨房的顶棚、墙面、地面应采用不燃材料装修。

3. 设置在地下室、半地下室内的厨房严禁使用液化石油气；不得使用液化气罐。

4. 应配备灭火毯、灭火器，采用可燃气体做燃料的厨房，应设置可燃气体浓度报警装置。

5. 燃气灶的连接软管不能有裂纹、破损、连接牢靠。

6. 烟罩应定期清洗，油烟管道应每季度至少清洗一次并有清洗记录。

四、库房

1. 库房应采用耐火极限不低于2.0h的防火隔墙和乙级防火门、窗与其他部位分隔。

2. 库房内敷设的电气线路应穿金属管保护，照明灯具下半米内不应有可燃物。

3. 库房内严禁使用明火。

4. 库房严禁储存易燃易爆危险品。

五、柴油发电机房

1. 应采用耐火极限不低于2.0h的防火隔墙和1.5h的不燃性楼板与其他部位分隔，门应采用甲级防火门。

2. 机房内设置储油间时，其总储存量不应大于$1m^3$，储油间应采用耐火极限不低于3.0h的防火隔墙与发电机间分隔；确需在防火隔墙上开门时，应设置甲级防火门。

3. 应设置应急照明和消防电话。

4. 手动启动柴油发电机，查看是否能正常启动。

六、消防水泵房

1. 应采用耐火极限不低于2.0h的防火隔墙和1.5h的楼板与其他部位分隔；疏散门应直通室外或安全出口，开向疏散走道的门应采用甲级防火门。

2. 应设置应急照明和消防电话。

七、高位消防水箱间

1. 查看消防水箱水位高度，判断实有储水量是否满足要求。

2. 消防水箱的补水管阀门应处于开启状态，当和生活用水合用时，生活用水的出水管应设在水箱顶部。

3. 水箱间应设置应急照明和消防电话。

第四节　疏散救援设施

一、消防车通道

1. 消防车通道应保持畅通，不应被占用、堵塞、封闭。

2. 不应设置妨碍消防车通行的停车泊位、路桩、隔离墩、地锁等障碍物，并须设有严禁占用等标志、在地面设有标识线。

3. 消防车道靠建筑外墙一侧的边缘距离建筑外墙不宜小于5m。

4. 消防车道与建筑之间不应设置妨碍消防车操作的树木、架空管线等障碍物。

5. 消防车道的净宽度和净空高度均不应小于4m，消防车道的坡度不应大于10%。

二、消防车登高操作场地及消防救援窗

1. 消防车登高操作场地与建筑之间不应设置妨碍消防车操作的树木、架空管线等障碍物和车库出入口。

2. 场地的长度和宽度分别不应小于15m和10m。对于建筑高度大于50m的建筑，场地的长度和宽度分别不应小于20m和10m。

3. 场地及其下面的建筑结构、管道和暗沟等，应能承受重型消防车的压力。

4. 场地应与消防车道连通，场地靠建筑外墙一侧的边缘距离建筑外墙不宜小于5m，且不应大于10m，场地的坡度不宜大于3%。

5. 建筑物与消防车登高操作场地相对应的范围内，应设置直通室外的楼梯或直通楼梯间的入口。

6. 供消防救援人员进入的窗口的净高度和净宽度均不应小于1.0m，下沿距室内地面不宜大于1.2m，间距不宜大于20m且每个防火分区不应少于2个，设置位置应与消防车登高场地相对应。窗口的玻璃应易于破碎，并应设置可在室外易于识别的明显标志。

三、安全出口及疏散楼梯

1. 安全出口数量不应少于2个，疏散门应向疏散方向开启，不能采用卷帘门、转门和侧拉门，不能上锁和封堵，应保持畅通。

2. 疏散楼梯的净宽度不应小于1.1m，其中高层公共建筑（建筑高度超过24m的公共建筑）的疏散楼梯净宽度不应小于1.2m。

3. 楼梯间内不能堆放杂物，严禁设置地毯、窗帘、KT板广告牌可燃材料。

4. 通向室外疏散楼梯的门应采用乙级防火门，应向外开启，不应正对楼梯段。

5. 室外疏散楼梯的梯段和缓台均应采用不燃材料制作，缓台不应采用金属材料。

第五节　消防设施器材

一、疏散指示标志

1. 疏散指示标志不应被遮挡。

2. 应选择采用节能光源的灯具，标志灯应选择持续型灯具。其中安全出口标志灯应安装在安全出口或疏散门内侧上方居中的位置。疏散指示标志应设置在疏散走道及其转角处距地面高度1.0m以下的墙面或地面上，当安装在疏散走道、通道上方时，室内高度不大于3.5m的场所，标志灯底边距地面的高度宜为2.2m～2.5m；室内高度大于3.5m的场所，特大型、大型、中型标志灯底边距地面高度不宜小于3m，且不宜大于6m。

3. 灯光疏散指示标志的标志面与疏散方向垂直时，灯具的设置间距不应大于20m；标志灯的标志面与疏散方向平行时，灯具的设置间距不应大于10m。

二、应急照明灯

1. 安全出口正上方、疏散走道内，建筑面积大于200m²的人员密集场所顶棚墙面上应设应急照明灯。

2. 平时主电状态是绿灯、故障状态是黄灯、充电状态是红灯，现场按下测试按钮，应保持常亮状态。

3. 连续供电时间不应少于0.5h。

三、灭火器

1. 一般都是配备ABC干粉灭火器，压力表指针在绿区；机房、配电室等电气设备用房应配备二氧化碳灭火器。

2. 灭火器的配置数量应通过计算确定。配置ABC类干粉灭火器时单具灭火器灭火剂充装量不应小于5kg～6kg。一个计算单元的灭火器设置数量不得少于2具，每个设置点灭火器数量不宜多于5具。灭火器应有红色消防产品身份标识。

3. 灭火器应放在明显和便于取用的地点，灭火器箱不应被遮挡、上锁，开启应灵活。

4. 灭火器的零部件齐全，无松动、脱落或损伤，铅封等保险装置无损坏或遗失。

5. 喷射软管应完好，无明显裂纹，喷嘴无堵塞。

6. 灭火器的筒体无明显缺陷、无锈蚀（特别查看筒底）。

7. 干粉灭火器、二氧化碳灭火器出厂期满5年后进行首次维修，之后每2年维修一次；二氧化碳灭火器的报废期限为12年，干粉灭火器的报废期限为10年。

四、防火门

1. 常闭式防火门应有红色的消防产品合格标志，且处于关闭状态，门扇启闭应灵活，无关闭不严的现象；门框、门扇、门槛、把手、锁、防火密封条、闭门器、顺序器等组件应保持齐全、好用。

2. 常闭式防火门应有"保持常闭"字样的标识。

3. 门框上的缝隙、孔洞应采用水泥砂浆等不燃烧材料填充。

4. 释放单扇防火门，门扇应能自动关闭；释放双、多扇防火门，观察门扇是否能实现顺序关闭，并保持严密。

5. 常开式防火门检查时，按下其释放器的手动按钮，防火门应自行关闭且严密，闭门信号应传送至消防控制室。

五、室内消火栓系统

1. 消火栓不应被埋压、圈占、遮挡。

2. 消火栓箱门应张贴操作说明，能正常开启且开启角度不小于120°。

3. 水带、水枪、接口应齐全，水带不应破损，水带与接口应牢靠，消火栓栓口方向应向下或与墙面成90°角。检查时，应在顶层进行出水测试，水压符合要求。

4. 设有消火栓报警按钮的，接线应完好，有巡检指示功能的其巡检指示灯应闪亮。

5. 按下消火栓按钮，指示灯应常亮，火灾报警控制柜应收到反馈信号。

6. 消防软管卷盘的胶管不应粘连、开裂，与喷枪、阀门等连接应牢固；阀门操作手柄应完好；打开供水阀，各连接处无渗漏；开启喷枪，检查其喷水情况应正常。

六、室外消火栓系统

1. 室外消火栓不应被埋压、圈占、遮挡。

2. 地下消火栓应有明显标识，井盖能顺利开启，井内不能存有积水以及妨碍操作的杂物等。

3. 使用消火栓扳手检查消火栓闷盖、阀杆操作应灵活。

4. 连接消防水带测试室外消火栓，供水压力应符合规定，栓口无漏水现象。

5. 冬季应做好防寒措施。

七、火灾自动报警系统

（一）火灾探测器

1. 火灾探测器0.5m范围内不应有障碍物。

2. 火灾探测器（常见感温探测器）平时巡检灯应闪亮，现场对顶棚的感烟探测器进行吹烟测试，感烟探测器应处于常亮状态，报警控制器应能够显示火灾报警信号，能打印火灾信息，系统显示时间应和实际时间一致。

3. 不得出现被摘除、损坏或是未摘掉防尘罩等违法行为。

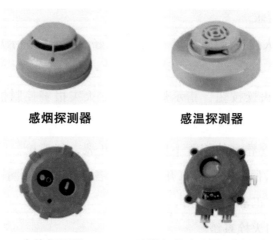

感烟探测器　　　　　　感温探测器

火焰探测器　　　防爆红外光束线型感烟探测

（二）手动火灾报警按钮

1. 具有巡检指示功能的手动报警按钮的指示灯应正常闪亮，表面无破损，周围不应存在影响辨识和操作的障碍物。

2. 按下手动报警按钮进行报警试验，报警确认灯应常亮，核实火灾报警控制器应接收到其发出的火警信号。

八、自动喷水灭火系统

1. 检查末端试水装置组件（试水阀门、试水接头、压力表）是否完整，压力不应低于0.05MPa。

2. 末端试水装置应有醒目标志，地面应设置排水设施。

3. 打开末端试水放水阀进行放水试验，5分钟内消防水泵应自动启动，同时火灾报警控制器上应有水流指示器、压力开关报警信号及消防水泵的动作反馈信号。

九、消防水泵

1. 消防水泵房应设置应急照明和消防电话，采用耐火极限不低于2.0h的防火隔墙和1.5h的楼板与其他部位分隔；疏散门应直通室外或安全出口，开向疏散走道的门应采用甲级防火门。

2. 消防水泵应注明系统名称，应有主、备泵标识，消防给水设施的管道阀门应有开/关的状态标识。

3. 消防水泵控制柜转换开关应处于"自动"运行模式；将消防水泵控制的转换开关置于"手动"模式，分别按下主、备泵的"启动"按钮，待"启动"指示灯亮起再按下相应的"停止"按钮，水泵应能正常启动和停止。

4. 在消防控制室消防联动控制器上进行手动启、停消防泵的操作，泵组启、停应正常，控制器应有消防泵启动、动作反馈和停止的信号显示。

十、稳压设施

1. 气压罐及其组件外观不应存在锈蚀、缺损情况，标志应清晰、完整。

2. 电气控制箱应处于通电状态，将电气控制箱旋钮调至"手动"模式，分别按下主、备泵的"启动"按钮，待"启动"指示灯亮起再按下相应的"停止"按钮，稳压泵应能正常启动和停止。

3. 稳压系统的电接点压力表应有启停泵数值参数标识。

十一、消防水泵接合器

1. 水泵接合器设置应不被埋压、圈占、遮挡，应设置永久性标牌标明所属系统和区域，相关组件应完好有效。

2. 地下式水泵接合器井内无积水，应有防冻措施。

十二、防排烟设施

排烟系统分为自然排烟系统和机械排烟系统；防烟系统分为自然通风系统和机械加压送风系统。

（一）自然排烟设施

自然排烟主要利用可开启的外窗进行排烟。

（二）机械排烟系统

1. 排烟风机的铭牌应牢固，应有注明系统名称和编号的醒目标识；风机与风管连接处应严密，连接材料不应老化和破损且周围不应存放可燃物。

2. 排烟风机房内不应堆放杂物，应设置应急照明和消防电话。

3. 控制柜应有注明系统名称和编号的醒目标识；仪表、指示灯应正常，转换开关应处于"自动"运行模式。

4. 在风机控制柜或消防控制室消防联动控制器转换开关处于"自动"运行模式时，按下"启动"按钮，风机应能正常启动并有反馈信号，在排烟口处用纸张进行风向和风量的测试，纸张应能被吸住，按下"停止"按钮，风机应停止运行并有反馈信号。

（三）机械加压送风系统

1. 风机的铭牌应牢固，应有注明系统名称和编号的醒目标识；风机与风管连接处应严密，连接材料不应老化和破损且周围不应存放可燃物。

2. 风机房内不应堆放杂物，应设置应急照明和消防电话。

3. 控制柜应有注明系统名称和编号的醒目标识；仪表、指示灯应正常，转换开关应处于"自动"运行模式。

4. 在风机控制柜或消防控制室消防联动控制器转换开关处于"自动"运行模式时，按下"启动"按钮，风机应能正常启动并有反馈信号，在送风口处进行风向和风量的测试，送风口应能明显感觉有风吹出，按下"停止"按钮，风机应停止运行并有反馈信号。

十三、防火卷帘

1. 防火卷帘下方不应存在影响卷帘门正常下降的障碍物，周围0.3m范围内不应堆放物品。

2. 检查防火卷帘防护罩（箱体）至顶棚、梁、墙、柱之间的空隙应采用防火封堵材料封堵并保持完好。

3. 防火卷帘控制器应处于无故障的工作状态，手动按下防火卷帘控制器"下行"按钮，卷帘应向下运行平稳并保持顺畅，下降到地面后不应存在缝隙；按下"上行"按钮，观察卷帘上升到高位时应能正常停止；卷帘运行过程中随时按停止按钮，卷帘应停止运行。

十四、消防控制室

1. 疏散门应直通室外或安全出口，开向建筑内的门应采用乙级防火门。

2. 室内应设置应急照明以及外线电话。

3. 应实行24小时专人值班制度，每班不少于2人，值班人员应持有四级（中级）及以上等级证书。

4. 应查阅《消防控制室值班记录》（值班人员应每2小时记录一次值班情况）、《建筑消防设施巡查记录表》、《建筑消防设施检测记录表》，通过查阅火灾报警控制器的历史信息，对比值班记录，检查值班人员记录火警或故障等信息是否及时。

5. 查阅交接班记录，检查交接班记录是否填写规范，并通过对照笔迹的方式查看是否由本人签字。

6. 火灾报警控制器应设在自动状态，按下火灾报警控制器自检按钮，火灾报警声、光信号应正常，切断火灾报警控制器的主电源，备用电源应自动投入运行。

7. 应询问值班人员是否熟知火灾处置流程。

8. 应存放各类消防资料、台账及火灾报警地址码图。

第四部分
商场市场消防安全检查

第一章　商场市场主要火灾风险

第一节　起火风险

一、明火源风险

1. 顾客及员工违规吸烟，随意丢弃未熄灭的烟头；小孩使用打火机、火柴等玩火。

2. 违规使用明火、点蜡、焚香；违规燃放烟花等。

3. 餐饮场所厨房使用明火不慎、油锅过热起火；临时增设灶台使用明火；违规使用瓶装液化石油气及甲、乙类液体燃料。

4. 用餐区域、开放式食品加工区违规使用明火加工食品。

5. 违规进行电焊、气焊、切割等明火作业。

二、电气火灾风险

1. 商场市场内电气线路敷设不符合要求，电气线路老化、绝缘层破损、线路受潮、水浸；电气线路存在过热、锈蚀、烧损、熔焊、电腐蚀等痕迹，造成漏电、短路、超负荷等问题。

2. 电气线路选型不当、连接不可靠；电气线路、电源插座、开关安装敷设在可燃材料上；线路与插座、开关连接处松动，插头与插套接触处松动。

3. 商场市场内游戏机、游艺设备、冷柜等大功率用电设备及其电气线路安装敷设不符合要求，外部电源线采用移动式插座连接；用电设备停、送电不规范，线路实际荷载超过额定荷载；应急电源运行异常或无法实现切换，蓄电池超期使用、容量不足。

4. 选用或购买不符合国家标准的插座、充电器、用电设备等电器产品；违规使用挂烫机、电熨斗、除湿器、烘干器、电加热茶壶、电磁炉、热水器、微波炉、咖啡机、电饭煲、电暖器等大功率电器。

5. 除冰箱、冷柜等必须持续通电的设备，其他用电设备未在营业结束闭店时采取断电措施。

6. 仓库内电气线路敷设不规范，违规使用卤钨灯等高温灯具，电气线路未穿管保护，照明灯具未按要求安装防护罩。

7. 节日期间临时加装的亮化灯具、LED显示屏、灯箱、用电设备超出线路荷载；大型用电设备及其电缆线路未定期检测维护；防雷、防静电设施未定期检测维护，确保完好有效。

8. 商场市场弱电井、强电井内强电与弱电线路交织；店铺配电箱未按要求安装漏电保护装置，强弱电线路共用一个配电箱，配电箱线路出现温度过高现象，配电箱周围堆放易燃可燃物品。

9. 电动自行车违规在综合体内停放、充电，员工将电动自行车蓄电池带至营业区、办公区、休息区充电。

10. 商场市场内外墙广告牌、灯箱破损或密封不严，电气线路敷设不规范，因漏风渗水问题引发电气故障。外墙、室内场所霓虹灯、装饰灯及其电气线路、控制器、变压器直接敷设安装在易燃可燃材料上，未采取隔热防火措施。

三、可燃物风险

1. 各类场所违规采用聚氨酯、聚苯乙烯、海绵、毛毯、木板等易燃可燃材料装饰装修。

2. 节日及大型活动期间为营造气氛大量采用易燃可燃材料装饰，如易燃可燃物挂件、塑料仿真树木、玻璃钢模型道具、海洋球、氢气球等各类装饰造型等。

3. 临时演出、展览等场所违规采用易燃可燃材料搭建；综合体建筑内外及屋面违规搭建易燃可燃夹芯材料彩钢板房。

4. 超市、商铺临时仓库大量易燃可燃货物随意堆放，违规存放酒精等易燃易爆物品。

5. 商场市场建筑外墙外保温材料的燃烧性能不符合要求，外保温材料防护层脱落、破损、开裂，外保温系统防火分隔、防火封堵措施失效。

6. 建筑垃圾、可燃杂物未及时清理，随意堆放在屋顶、楼梯间、疏散走道、地下室、设备用房、电缆井、管道井等区域。

第二节　火灾状态下人员安全疏散风险

1. 儿童活动等场所内经常停留人数超过疏散人数，展销、演出等活动参加人数超过疏散人数。违规设置员工宿舍，违规增设夹层、隔间作为人员休息区域。

2. 与住宅违规合用疏散楼梯、安全出口。

3. 应急广播系统不能正常使用，疏散提示内容不清晰、不准确，不能向全区域播送；室内应急照明数量不足、亮度不够；疏散指示标识设置不符合要求或被遮挡。

4. 违规在用于安全疏散的亚安全区内增设商业摊位、游乐设施、展览展示场所；违规将用于安全疏散的下沉式广场改变为商业用途；违规将下沉式广场的防风雨篷完全封闭；违规将步行街的端部封闭，或确需封闭时外墙上设置的可开启门窗被破坏，不能保证开启面积；避难层、避难间、避难走道被占用，未设置明显的指示标识。

5. 安全出口、疏散通道占用、堵塞、封闭，安全出口、疏散通道处设置的门禁系统在火灾时无法正常开启，未在显著位置设置安全出口标识和使用提示，发生火灾时顾客及员工难以及时选择安全的疏散路线逃生。

6. 商场市场内各经营主体营业时间不一致时，未采取确保各场所人员安全疏散的措施；儿童活动场所未落实确保场所独立疏散的措施。

7. 防烟楼梯间及前室常闭式防火门处于常开状态，防烟阻火及正压送风功能受到影响，人员无法利用防烟楼梯间安全逃生。

8. 商场市场未制订灭火和应急疏散总预案、分预案和专项预案，未明确各防火分区或楼层区域的志愿消防员、疏散引导员，未定期组织开展应急疏散演练，发生火灾时组织安全疏散混乱无序。

9. 发生火灾后，防排烟设施不能及时有效启动，室内步行街、中庭、天井设置的排烟窗无法正常开启，防烟分区功能设施被破坏，导致起火区域有毒高温烟气快速蔓延。

10. 环形消防车道、消防车登高操作场地被占用；消防救援窗口无明显标识或外侧被广告牌和铁栅栏遮挡，内侧被货架货物等堵塞，影响灭火救援。

第三节　火灾蔓延扩大风险

1. 违规搭建库房、变电站、锅炉房、调压站等设备用房，或临时搭建车棚、广告牌、连廊等占用防火间距。

2. 违规改变综合体内的防火防烟分区，防火防烟分区处的防火墙、防火门、防火窗、防火玻璃墙、防火卷帘、挡烟垂壁等未保持完好有效。尤其是防火卷帘不能正常联动，发生火灾后极易造成蔓延扩大。

3. 下沉式广场、商业步行街、中庭的防火分隔设施未保持完好有效；店铺装修改造后拆除或用普通玻璃替代防火玻璃，或者用作保护防火玻璃的喷头被拆除、遮挡、破坏。

4. 管道井、电缆井、玻璃幕墙和防烟、排烟、供暖、通风、空调管道未做好横向、竖向防火封堵，变形缝、伸缩缝防火封堵不到位。

5. 中庭内设置海洋球等游乐设施或店铺，发生火灾导致立体燃烧蔓延；室内步行街中间走道区域设置店铺；步行街两侧建筑商铺之间防火分隔不符合要求，非主力店面积超过300m²。

6. 火灾自动报警系统、自动灭火系统、消火栓系统、防烟排烟系统等消防设施运行不正常，发生火灾后不能早期预警、快速处置；擅自改变联动控制程序，导致部分设施无法联动启动。

7. 未落实特殊消防设计专家评审意见或擅自改变设计要求。

第四节　重点部位火灾风险

一、儿童活动场所

1. 儿童活动场所的游戏游艺设备、电气线路未定期进行检修维护、安全检测；违规采用延长线插座串接游戏游艺设备；照明线路敷设在儿童游乐设施软包防撞材料及其他易燃可燃材料上。

2. 采用蓄电池驱动的游戏机、骑行（乘坐）玩具等娱乐设施，未定期对蓄电池进行安全检查或违规充电。

3. 房间、走道、墙壁、座椅违规采用泡沫、海绵、毛毯、木板等易燃可燃材料装饰。

4. 海洋球游乐园、儿童攀爬游乐设施电气线路敷设在塑料、树脂等软包可燃材料上；灯具与游乐设施安全距离不符合要求。

5. 违规设置在地下空间、四层及四层以上楼层，以及中庭、步行街等亚安全区域；设有儿童休息区的儿童活动场所，未安排人员看守。

6. 设置在高层建筑内时，未按要求设置独立的安全出口和疏散楼梯。

7. 高空多层结构儿童游乐设施遮挡火灾报警探测器、洒水喷头、排烟口、室内消火栓等消防设施。

二、培训机构

1. 投影仪、多媒体等教学设备的电气线路敷设不符合要求。

2. 装修装饰材料燃烧性能等级达不到要求。

3. 安全出口和疏散走道数量、宽度不足，教学培训隔间占用疏散走道、安全出口。

4. 教室隔间、隔断等装饰物遮挡、圈占消防设施。

5. 教室隔间的防火分隔不符合要求。

6. 未按照标准配备消防设施设备。

三、餐饮场所

1. 厨房排油烟罩、油烟道未定期清洗；厨房内未按要求设置可燃气体探测报警装置、厨房自动灭火系统、燃气紧急切断装置。

2. 违规使用瓶装液化石油气以及甲、乙类液体燃料；超过一定面积的地下餐饮场所违规使用燃气；餐饮区违规使用木炭、卡式炉、酒精炉等明火加热食物。

3. 厨房燃气用具的安装使用及其管路敷设、维护保养和检测不符合要求；燃气软管与灶具及供气管连接处未使用卡箍固定，非金属软管靠近明火或高温区域。

4. 使用电加热设施设备烹饪食品的，电气线路未安装漏电保护装置；电加热的大功率烹饪器具线路敷设不规范。

5. 包厢大面积采用软包装修，装修材料的燃烧性能不符合要求；厨房装修材料的燃烧性能不符合要求。

6. 餐厅桌椅摆放占用疏散通道、安全出口；擅自增改包厢占用疏散通道；餐饮场所后场区域被占用影响疏散。

7. 厨房与其他区域的防火分隔不到位；炉灶、烟道等设施与可燃物之间未采取隔热或散热等防火措施。

8. 营业结束后厨房未落实关火、关电、关气等措施；厨房员工不会操作使用灭火器、灭火毯、厨房自动灭火系统等消防设施器材，不会紧急切断电源、气源。

四、超市

1. 熟食加工区违规使用明火；熟食加工区使用的电加热大功率烹饪器具线路敷设不规范，超过线路负荷。

2. 仓库内电气线路敷设不规范，电气线路未穿管保护，违规使用卤钨灯等高温照明灯具，照明灯具未按要求安装防护罩且未与可燃物保持安全距离；冷库、冷藏柜未定期进行检测维护。

3. 仓库可燃货物大量堆放，不符合顶距、灯距、墙距、柱距、堆距的"五距"要求；冷库、仓库与其他功能区防火分隔不符合要求；擅自将其他区域改为仓库、冷库。

4. 电瓶叉车未定期检测维护，在仓库内违规设置充电部位。

5. 商品、货柜、摊位设置影响消防设施正常使用；摊位、商品的摆放占用疏散通道，堵塞安全出口；营业期间安全出口上锁。

6. 在楼板、防火墙开设孔洞、门窗，破坏原有防火分区；防烟分区未划分或被货架、装修隔断破坏。

五、商铺

1. 商管部与物业部、工程部未共同审核把关，造成商铺装修时防火分区、消防设施被破坏，违规采用易燃可燃材料装修装饰；商铺施工装修时，未履行动火审批手续，未采取现场监护措施。

2. 电气线路敷设不规范，直接敷设在可燃物上；临时周转仓库违规采用卤钨灯等高温灯具照明，未按要求安装防护罩。

3. 临时加装的亮化灯具、LED屏幕、灯箱以及舞台配套的用电设备超出线路荷载。

4. 临时周转仓库可燃货物大量堆放，不符合顶距、灯距、墙距、柱距、堆距的"五距"要求。

5. 摊位、商品摆放占用、堵塞疏散通道、安全出口。

6. 在楼板、防火墙开设孔洞、门窗，破坏原有防火分区。

7. 商品、货柜、摊位的设置影响消防设施正常使用。

六、仓储场所

1. 违规使用明火照明、采暖或带入火种。

2. 电气线路敷设不规范，使用卤钨灯等高温照明灯具且未与储存货物保持安全距离，提升、码垛等机械设备产生火花等部位未安装防护罩；违规使用电暖器、电加热设备。

3. 擅自改变仓储场所的使用性质或提高储存物品的火灾危险性类别，违规存放易燃易爆物品。

4. 物品未分类、分垛、分间、分库储存，不符合顶距、灯距、墙距、柱距、堆距的"五距"要求。

5. 违规采用易燃可燃材料彩钢板搭建仓储场所和临时用房；违规在仓储场所内设置员工宿舍；违规搭建阁楼、分隔小间等。

6. 与其他场所之间的防火分隔不符合要求。

7. 货柜、储存的物品遮挡消防设施。

8. 随意将其他场所分隔用作临时仓储使用，未按要求设置必要的消防设施。

七．展览厅

1. 用电超过设计负荷，电气设备与周围可燃物距离过近，临时敷设在通道上的电气线路未采取防护措施。

2. 汽车展厅内设置充电桩。

3. 违规销售、展览甲、乙类火灾危险性物品。

4. 布展时采用易燃可燃材料用于搭建和装修展台，确需使用可燃材料的，未进行阻燃处理。

5. 展位、展台等堵塞、占用疏散通道和安全出口。

6. 展位、展台等遮挡、影响消防设施、灭火器材和消防安全指示标识。

7. 违规在中庭、步行街等亚安全区域布展。

8. 展览区域与其他功能区域防火分隔不符合要求。

八、汽车库

1. 电动汽车充电桩的设置不符合有关标准规定。

2. 汽车库内电动自行车违规停放、充电。

3. 擅自改变汽车库使用性质和增加停车位。

4. 汽车出入口设置的电动卷帘，断电后不具备手动开启功能。

5. 减少、锁闭和封堵汽车库防火分区内人员疏散出口。

6. 消防设施设置位置和高度不合理，被拆除或撞损未修复。

九、施工现场

1. 施工现场消防安全管理制度不落实，未按要求设置灭火器等消防器材；施工部位与其他部位之间未采取防火分隔措施。

2. 动火作业未办理动火证，作业人员不具有相应资格。

3. 焊接、切割、烘烤或加热等动火作业前，未对周边可燃物进行清理，未封堵作业周边孔洞、缝隙，未落实现场监护措施。

4. 施工时破坏防火分隔、堵塞疏散通道，关停或遮挡消防设施；作业场所临时用电线路敷设不符合要求。

5. 施工区域未设置视频监控系统。

十、冷库

1. 电气线路敷设不规范，超负荷使用大功率用电设备。

2. 制冷设备24小时通电，未定期检测电气线路、制冷设备。

3. 电气线路直接敷设或穿越保温材料，未穿阻燃管。

4. 冷库、冷藏室内采用泡沫等易燃可燃材料保温隔热。

5. 与其他功能区域防火分隔不符合要求。

十一、配电室

1. 直流屏蓄电池电压、浮充电流不正常；配电柜开关触头存在变形、变色、热蚀等不正常现象；配电柜内温度过高，高温排热扇不能正常启动运行。

2. 变压器存在异响，温控器指示不正常，超温时风机不能正常启动，电流、电压超出正常额定范围。

3. 配电室内建筑消防设施设备的配电柜、配电箱无明显标识；消防联动模块放置在强电控制柜内。

4. 配电室开向建筑内的门未采用甲级防火门；配电室内堆放可燃杂物；配电室内的应急照明照度不足。

5. 配电室值班人员不掌握火灾状况下切断非消防设备供电、确保消防设备正常供电的操作方法。

6. 配电室内的气体灭火系统驱动装置电磁阀保险销处于止动状态，配电室未按要求配置灭火器。

十二、柴油发电机房

1. 柴油发电机润滑油位、过滤器、燃油量、蓄电池电位、控制箱不正常。

2. 机房内储油间总储存量大于$1m^3$，防火隔墙上开设的门未采用甲级防火门。

3. 储油间通气管未通向室外，未设置带阻火器的呼吸阀，油箱下部未设置防止油品流散的措施。

4. 发电机未定期维护保养，未落实每月至少启动一次要求。

5. 未采用防爆型灯具；事故排风装置未保持完好。

6. 柴油发电机房堆放可燃杂物。

十三、锅炉房

1. 燃气锅炉房内未设置可燃气体探测报警装置，不能联动控制锅炉房燃烧器上的燃气速断阀、供气管道的紧急切断阀和通风换气装置，未设置泄压设施。

2. 燃油锅炉房储油间轻柴油总储存量大于$1m^3$，防火隔墙上开设的门未采用甲级防火门。

3. 未采用防爆型灯具；事故排风装置未保持完好。

4. 锅炉房设置在综合体内人员密集场所的上、下层或毗邻位置，以及主要通道、疏散出口的两侧。

第二章　商场市场消防安全检查要点

第一节　消防安全管理

一、消防档案

（一）消防档案要求

消防档案应包括消防安全基本情况和消防安全管理情况，档案内容翔实，能全面反映单位消防基本情况，并附有必要的图表，根据实际情况及时更新。

（二）消防安全基本情况档案

1. 建筑的基本概况和消防安全重点部位情况。

2. 所在建筑消防设计审查、消防验收或消防设计、消防验收备案相关资料。

3. 消防组织和各级消防安全责任人。

4. 微型消防站设置及人员、消防装备配备情况。

5. 相关租赁合同。

6. 消防安全管理制度和保证消防安全的操作规程，灭火和应急疏散预案。

7. 消防设施、灭火器材配置情况。

8. 专职消防队、志愿消防队人员及其消防装备配备情况。

9. 消防安全管理人、自动消防设施操作人员、电气焊工、电工、易燃

易爆危险品操作人员的基本情况。

10. 新增消防产品质量合格证，新增建筑材料和室内装修、装饰材料的防火性能证明文件。

（三）消防安全管理情况档案

1. 消防安全例会记录或会议纪要、决定。

2. 消防救援机构填发的各种法律文书。

3. 消防设施定期检查记录、自动消防设施全面检查测试的报告、单位与具有相关资质的消防技术服务机构签订维护保养合同以及维修保养的记录（记录要有消防技术服务机构公章和人员签字）。

4. 火灾隐患、重大火灾隐患及其整改情况记录。

5. 消防控制室值班记录。

6. 防火检查、巡查记录。

7. 有关燃气、电气设备检测，动火审批，厨房烟道清洗等工作的记录资料。

8. 消防安全培训记录。

9. 灭火和应急疏散预案的演练记录。

10. 各级和各部门消防安全责任人的消防安全承诺书。

11. 火灾情况记录。

12. 消防奖励情况记录。

二、消防安全责任制落实

实地抽查提问消防安全责任人、管理人，检查是否熟知以下工作职责：

（一）消防安全责任人工作职责

1. 贯彻执行消防法律法规，保障单位消防安全符合国家消防技术标准，掌握本单位的消防安全情况，全面负责本场所的消防安全工作。

2. 统筹安排本场所的消防安全管理工作，批准实施年度消防工作计划。

3. 为本单位的消防安全管理工作提供必要的经费和组织保障。

4. 确定逐级消防安全责任，批准实施消防安全管理制度和保障消防安全的操作规程。

5. 组织召开消防安全例会，组织开展防火检查，督促整改火灾隐患，及时处理涉及消防安全的重大问题。

6. 根据有关消防法律法规的规定建立专职消防队、志愿消防队（微型消防站），并配备相应的消防器材和装备。

7. 针对本场所的实际情况，组织制订符合本单位实际的灭火和应急疏散预案，并实施演练。

（二）消防安全管理人工作职责

1. 拟订年度消防安全工作计划，组织实施日常消防安全管理工作。

2. 组织制定消防安全管理制度和保障消防安全的操作规程，并检查督促落实。

3. 拟订消防安全工作的经费预算和组织保障方案。

4. 组织实施防火检查和火灾隐患整改。

5. 组织实施对本单位消防设施、灭火器材和消防安全标志的维护保养，确保其完好有效和处于正常运行状态，确保疏散通道、走道和安全出口、消防车通道畅通。

6. 组织管理专职消防队或志愿消防队（微型消防站），开展日常业务训练，组织初起火灾扑救和人员疏散。

7. 组织从业人员开展岗前和日常消防知识、技能的教育和培训，组织灭火和应急疏散预案的实施和演练。

8. 定期向消防安全责任人报告消防安全情况，及时报告涉及消防安全的重大问题。

9. 管理单位委托的物业服务企业和消防技术服务机构。

10. 单位消防安全责任人委托的其他消防安全管理工作。

未确定消防安全管理人的单位，上述规定的消防安全管理工作由单位消防安全责任人负责实施。

三、消防安全管理制度

（一）消防安全制度内容

1. 消防安全教育、培训。

2. 防火巡查、检查；安全疏散设施管理。

3. 消防控制室值班。

4. 消防设施、器材维护管理。

5. 用火、用电安全管理。

6. 微型消防站的组织管理。

7. 灭火和应急疏散预案演练。

8. 燃气和电气设备的检查和管理。

9. 火灾隐患整改。

10. 消防安全工作考评和奖惩。

11. 其他必要的消防安全内容。

（二）多产权、多使用单位管理

1. 应明确多产权、多使用单位或者承包、租赁、委托经营单位消防安全责任。

2. 消防车通道、涉及公共消防安全的疏散设施和其他建筑消防设施应当由产权单位或者委托管理的单位统一管理。

3. 在与商户或业主签订相关租赁或者承包合同时，应在合同内明确各方的消防安全职责。各业主应当在各自职责范围内履行职责。

4. 实行统一管理时，应制定统一的管理标准、管理办法，明确隐患问题整改责任、整改资金、整改措施。

（三）防火巡查、检查

1. 翻阅《防火巡查记录》《防火检查记录》，查看是否每2小时进行一次防火巡查，是否至少每个月进行一次防火检查，是否如实登记火灾隐患情况。

2. 《防火巡查记录》《防火检查记录》中，巡查、检查人员和管理人

是否分别在记录上签名，并通过核对笔迹的方式确定签字的真实性。

3. 对照单位的《防火巡查记录》《防火检查记录》中记录的隐患，实地查看整改及防范措施的落实情况。

（四）消防安全培训教育

1. 应对全体员工至少每半年进行一次消防安全培训，对新上岗和进入新岗位的员工应进行岗前消防安全培训。

2. 培训内容应以教会员工电气等火灾风险及防范常识，灭火器和消火栓的使用方法，防毒防烟面具的佩戴，人员疏散逃生知识等为主。

查看员工消防安全培训记录、培训照片等资料是否真实，是否记明培训的时间、参加人员、内容，参训人员是否签字，随机抽查单位员工消防安全"四个能力"（即检查消除火灾隐患能力、组织扑救初起火灾能力、组织人员疏散逃生能力、消防宣传教育培训能力）掌握情况。

消防安全教育培训记录表			
培训时间		培训地点	
参加人数		授课人	
参加培训人员：			
培训内容： **消防安全知识"三懂"** 一、懂本单位火灾危险性 　　1. 防止触电；2. 防止引起火灾；3. 可燃、易燃品、火源。 二、懂预防火灾的措施 　　1. 加强对可燃物质的管理；2. 管理和控制好各种火源；3. 加强电气设备及其线路的管理；4. 易燃易爆场所应有足够的适用的消防设施，并要经常检查做到会用、有效。 三、懂灭火方法 　　1. 冷却灭火方法；2. 隔离灭火方法；3. 窒息灭火方法；4. 抑制灭火方法。 **消防安全知识"四会"** 一、会报警 　　1. 大声呼喊报警，使用手动报警设备报警；2. 如使用专用电话、手动报警按钮、消火栓按键击碎等；3. 拨打119火警电话，向当地消防救援机构报警。			

二、会使用消防器材

拔掉保险销，握住喷管喷头，压下提把，对准火焰根部即可。

三、会扑救初期火灾

在扑救初期火灾时，必须遵循：先控制后消灭，救人第一，先重点后一般的原则。

四、会组织人员疏散逃生

1. 按疏散预案组织人员疏散；2. 酌情通报情况，防止混乱；3. 分组实施引导。

消防安全"四个能力"基本内容

1. 检查消除火灾隐患能力：查用火用电，禁违章操作，查通道出口，禁堵塞封闭，查设施器材，禁损坏挪用，查重点部位，禁失控漏管；2. 扑救初起火灾能力：发现火灾后，起火部位员工1分钟内形成第一灭火力量，火灾确认后，单位3分钟内形成第二灭火力量；3. 组织疏散逃生能力：熟悉疏散通道，熟悉安全出口，掌握疏散程序，掌握逃生技能；4. 消防宣传教育能力：消防宣传人员，有消防宣传标志，有全员培训机制，掌握消防安全常识。

微型消防站"三知四会一联通"

1. "三知"：微型消防站队员要知道单位内部消防设施位置、知道疏散通道和出口、知道建筑布局和功能；2. "四会"：会组织疏散人员、会扑救初起火灾、会穿戴防护装备、会操作消防器材；3. "一联通"：消防救援支队或大中队与微型消防站、微型消防站与队员保持通信联络畅通。

培训照片：

（五）灭火和应急疏散预案及演练

1. 应至少每半年组织一次全员参与的灭火和应急疏散预案演练。

2. 翻阅灭火和应急疏散预案，查看是否有针对性地制订灭火和应急疏散预案，是否根据建筑改造、人员调整等情况，及时进行修订。灭火和急疏散预案应当至少包括下列内容：

（1）建筑的基本情况、重点部位及火灾风险分析。

（2）明确火灾现场通信联络、灭火、疏散、救护、对接消防救援力量等任务的负责人、组成人员及各自职责。

（3）火警处置程序。

（4）应急疏散的组织程序和措施。

（5）扑救初起火灾的程序和措施。

（6）通信联络、安全防护和人员救护的组织与调度程序和保障措施。

3. 翻阅演练记录、照片等材料，查看演练的时间、地点、内容、参加人员是否属实，演练是否以人员集中、火灾危险性较大和重点部位为模拟起火点、是否全员参与、是否按照预案内容进行模拟演练，并随机询问员工是否熟知本岗位职责、应急处置程序等情况。

（六）消防宣传提示

1. 应在安全出口处张贴"三自主两公开一承诺"（自主评估风险、自主检查安全、自主整改隐患，向社会公开消防安全责任人、管理人，并承诺本场所不存在突出风险或者已落实防范措施）公示牌。

2. 要营造单位内部宣传氛围，利用内部LED电子显示屏、大屏幕和楼内广播等滚动播放消防安全常识。

3. 各楼层在显著位置张贴宣传挂图以及安全疏散逃生示意图，疏散指示图上应标明疏散路线、安全出口和疏散门、人员所在位置和必要文字说明。

4. 制冷设备房、配电室、厨房和库房等重点部位张贴火灾风险提示。

第二节　微型消防站建设

一、人员设置

1. 人员数量设置原则上不少于6人。

2. 应结合实际设站长、队员等岗位。

3. 站长由单位消防安全管理人担任，队员由其他员工担任。

二、日常工作职责

1. 应定期组织开展业务训练，每个月至少开展一次全员拉动测试。

2. 人员应保持随时在岗在位，确保接到火警信息后能各负其责，"3分钟到场"进行处置。

3. 要具备"三知四会"能力，即知道设施和器材位置、知道疏散通道和出口、知道建筑布局和功能；会组织疏散人员、会扑救初起火灾、会穿戴防护装备和会操作消防器材。

4. 站长职责

（1）负责微型消防站日常管理。

（2）组织制定及落实各项管理制度和灭火应急预案。

（3）组织防火巡查。

（4）组织消防宣传教育和应急处置训练。

（5）指挥初起火灾扑救和人员疏散。

（6）对发现的火灾隐患和违法行为进行及时整改。

5. 队员职责

（1）应熟练掌握消防设施、器材的性能和操作使用方法。

（2）熟悉设施器材的设置位置和灭火应急预案内容，发生火灾时主要负责扑救初起火灾、组织人员疏散工作。

（3）日常负责防火安全巡查检查工作。

6. 重要保卫时段工作职责

在重大活动、重要节假日和重要时间节点，加强力量重点防护，并做好如下工作：

（1）对单位内部疏散通道、厨房、库房等重点区域开展一次消防安全自查。

（2）对电气线路敷设、电器产品的使用开展一次检查。

（3）对自动消防设施进行一次联动测试。

（4）开展一次全员培训和应急疏散演练。

（5）将活动详情和应急预案报告给当地消防救援部门。

三、器材配备

应当根据本场所火灾危险性特点，每人配备手台、防毒防烟面罩等灭火、通信和个人防护器材装备。

四、火场处置流程

1. 发现火灾后，应向消防控制室报告火灾情况，并利用就近的消火栓、灭火器、消防水桶等器材扑救火灾。

2. 消防控制中心确认火警信息后，应立即启动消防应急广播等消防设施，同时报火警119，通知相关人员迅速开展应急处置工作。

3. 负责灭火工作的人员应快速前往起火点，进行灭火。

4. 负责疏散工作的人员应佩戴防毒防烟面罩，指挥、引导楼层人员向安全出口撤离。

5. 负责对接消防救援力量的人员应在室外将到场的消防车引向距起火点最近的安全出口处。

第三节　消防安全重点部位

一、电气管理

1. 电气线路敷设、设备安装和维修应当由具备相应职业资格的人员按国家现行标准要求和操作规程进行。

2. 不应长时间超负荷运行，不应带故障使用电气设备。

3. 不应私拉乱接电线，电气线路不应敷设在可燃物上，插座（插排）周围0.5m范围内不能有可燃物，顶棚内敷设的电气线路应穿金属管。

4. 对电气线路、设备的运行及维护情况应定期检查、检测。

5. 营业结束时，应切断营业场所的非必要电源。

6. 不应在室内停放电动车或为电动车充电。

7. 儿童游戏机、骑行玩具、扫地机等带有蓄电池的设备，充电时应在专门的充电间内进行，充电间应采用防火隔墙和甲级防火门与其他区域分隔。

二、用火管理

1. 楼内显著位置要有禁烟标识和违反者惩罚措施提示。

2. 禁止在营业时间内进行动火作业。

3. 需要动火作业的区域，应与使用、营业区进行防火分隔，并加强消防安全现场监管。

4. 电焊等明火作业前，实施动火的部门和人员应按照制度办理动火审批手续，清除可燃、易燃物品，配置灭火器 材，落实现场监护人员和安全措施，在确认无火灾、爆炸危险后方可动火作业。

三、装修材料

1. 不应使用易燃可燃材料夹心的彩钢板搭建临时建筑。

2. 建筑内部装修应采用不燃和难燃性材料。

3. 设置在商场、市场内的中庭不应设置固定摊位，放置可燃物等。

四、厨房

1. 厨房应采用耐火极限不低于2.0h的防火隔墙和乙级防火门、窗与其他部位分隔。

2. 厨房的顶棚、墙面、地面应采用不燃材料装修。

3. 设置在地下室、半地下室内的厨房严禁使用液化石油气；不得使用液化气罐。醇基燃料使用应符合国家或地方、行业标准。

4. 应配备灭火毯、灭火器；采用可燃气体做燃料的厨房，应设置可燃气体浓度报警装置。

5. 燃气灶的连接软管不能有裂纹、破损，连接牢靠。

6. 烟罩应定期清洗，油烟管道应每季度至少清洗一次，并有清洗前后对比照片的记录。

五、配电室

1. 配电室应设置甲级防火门并设置警示标志。

2. 配电室内应配备二氧化碳灭火器和应急照明。

3. 配电室内不得堆放杂物。

六、柴油发电机房

1. 应采用耐火极限不低于2.0h的防火隔墙和1.5h的不燃性楼板与其他部位分隔，门应采用甲级防火门。

2. 机房内设置储油间时，其总储存量不应大于$1m^3$。

3. 储油间应采用耐火极限不低于3.0h的防火隔墙与发电机间分隔；确需在防火隔墙上开门时，应设置甲级防火门。

3. 应设置应急照明和消防电话。

4. 手动启动柴油发电机，查看是否能正常启动。

七、高位消防水箱间

1. 查看消防水箱水位高度，判断实有储水量是否满足要求（管液位仪照片整体和特写）。

2. 消防水箱的补水管阀门应处于开启状态，当和生活用水合用时，生活用水的出水管应设在水箱顶部。

3. 水箱间应设置应急照明和消防电话。

八、库房

1. 设置在商场内的库房应采用耐火极限不低于3.0h的防火隔墙与营业、办公部分完全分隔，通向营业厅的开口应设置甲级防火门。

2. 库房内敷设的电气线路应穿金属管保护，照明灯具下面0.5m范围内不应有可燃物。

3. 库房内严禁使用明火。

4. 库房严禁储存易燃易爆危险品。

九、营业厅

1. 营业厅疏散门净宽度不应小于1.4m，主要疏散走道应直通安全出口，营业厅的安全疏散路线不应穿越仓库、办公室等功能性用房。

2. 营业厅内任何一点至最近安全出口或疏散门的直线距离不宜大于30m，且行走距离不应大于45m。

3. 营业厅的食品加工区的明火部位应靠外墙布置，应采用耐火极限不低于2.0h的防火隔墙、乙级防火门与其他部位分隔。敞开式的食品加工区应采用电能加热设施，不应使用液化石油气作燃料。

十、商场内设置的儿童活动场所

1. 不得设在地下商场内或四层及四层以上楼层。

2. 所在场所的安全出口不得少于2处，当商场为高层建筑时，应设置独立的安全出口和疏散楼梯。

第四节　疏散救援设施

一、消防车通道

1. 消防车通道应保持畅通，不应被占用、堵塞、封闭。

2. 不应设置妨碍消防车通行的停车泊位、路桩、隔离墩、地锁等障碍物，并须设有严禁占用等标志、在地面设有标识线。

3. 消防车道靠建筑外墙一侧的边缘距离建筑外墙不宜小于5m。

4. 消防车道与建筑之间不应设置妨碍消防车操作的树木、架空管线等障碍物。

5. 消防车道的净宽度和净空高度均不应小于4m，消防车道的坡度不应大于10%。

二、消防车登高操作场地及消防救援窗

1. 消防车登高操作场地与建筑之间不应设置妨碍消防车操作的树木、架空管线等障碍物和车库出入口。

2. 场地的长度和宽度分别不应小于15m和10m。对于建筑高度大于50m的建筑，场地的长度和宽度分别不应小于20m和10m。

3. 场地及其下面的建筑结构、管道和暗沟等，应能承受重型消防车的压力。

4. 场地应与消防车道连通，场地靠建筑外墙一侧的边缘距离建筑外墙不宜小于5m，且不应大于10m，场地的坡度不宜大于3%。

5. 建筑物与消防车登高操作场地相对应的范围内，应设置直通室外的楼梯或直通楼梯间的入口。

6. 供消防救援人员进入的窗口的净高度和净宽度均不应小于1.0m，下沿距室内地面不宜大于1.2m，间距不宜大于20m且每个防火分区不应少于2个，设置位置应与消防车登高场地相对应。窗口的玻璃应易于破碎，并应设置可在室外易于识别的明显标志。

三、安全出口及疏散楼梯

1. 安全出口数量不应少于2个，疏散门应向疏散方向开启，不能采用卷帘门、转门和侧拉门，不能上锁和封堵，应保持畅通。

2. 疏散楼梯的净宽度不应小于1.1m，其中高层公共建筑（建筑高度超过24m的公共建筑）的疏散楼梯净宽度不应小于1.2m。

3. 楼梯间内不能堆放杂物，严禁设置地毯、窗帘、KT板广告牌可燃材料。

4. 通向室外疏散楼梯的门应采用乙级防火门，应向外开启，不应正对楼梯段。

5. 室外疏散楼梯的梯段和缓台均应采用不燃材料制作，缓台不应采用金属材料。

第五节　消防设施器材

一、疏散指示标志

1. 疏散指示标志不应被遮挡。

2. 应选择采用节能光源的灯具，标志灯应选择持续型灯具。其中安全出口标志灯应安装在安全出口或疏散门内侧上方居中的位置。疏散指示标志应设置在疏散走道及其转角处距地面高度1.0m以下的墙面或地面上，当安装在疏散走道、通道上方时，室内高度不大于3.5m的场所，标志灯底边距地面的高度宜为2.2m~2.5m；室内高度大于3.5m的场所，特大型、大型、中型标志灯底边距地面高度不宜小于3m，且不宜大于6m。

3. 灯光疏散指示标志的标志面与疏散方向垂直时，灯具的设置间距不应大于20m；标志灯的标志面与疏散方向平行时，灯具的设置间距不应大于10m。

二、应急照明灯

1. 安全出口正上方、疏散走道内，建筑面积大于200m²的人员密集场所顶棚墙面上应设应急照明灯。

2. 平时主电状态是绿灯、故障状态是黄灯、充电状态是红灯，现场按下测试按钮，应保持常亮状态。

3. 连续供电时间不应少于0.5h。

三、灭火器

1. 一般都是配备ABC干粉灭火器，压力表指针在绿区；机房、配电室等电气设备用房应配备二氧化碳灭火器。

2. 灭火器的配置数量应通过计算确定。配置ABC类干粉灭火器时单具灭火器灭火剂充装量不应小于5kg~6kg。一个计算单元的灭火器设置数量不得少于2具，每个设置点灭火器数量不宜多于5具。灭火器应有红色消防产品身份标识。

3. 灭火器应放在明显和便于取用的地点，灭火器箱不应被遮挡、上锁，开启应灵活。

4. 灭火器的零部件齐全，无松动、脱落或损伤，铅封等保险装置无损坏或遗失。

5. 喷射软管应完好，无明显裂纹，喷嘴无堵塞。

6. 灭火器的筒体无明显缺陷、无锈蚀（特别查看筒底）。

7. 干粉灭火器、二氧化碳灭火器出厂期满5年后进行首次维修，之后每2年维修一次；二氧化碳灭火器的报废期限为12年，干粉灭火器的报废期限为10年。

四、防火门

1. 常闭式防火门应有红色的消防产品合格标志，且处于关闭状态，门扇启闭应灵活，无关闭不严的现象；门框、门扇、门槛、把手、锁、防火密封条、闭门器、顺序器等组件应保持齐全、好用。

2. 常闭式防火门应有"保持常闭"字样的标识。

3. 门框上的缝隙、孔洞应采用水泥砂浆等不燃烧材料填充。

4. 释放单扇防火门，门扇应能自动关闭；释放双、多扇防火门，观察门扇是否能实现顺序关闭，并保持严密。

5. 常开式防火门检查时，按下其释放器的手动按钮，防火门应自行关闭且严密，闭门信号应传送至消防控制室。

五、室内消火栓系统

1. 消火栓不应被埋压、圈占、遮挡。

2. 消火栓箱门应张贴操作说明，能正常开启且开启角度不小于120°。

3. 水带、水枪、接口应齐全，水带不应破损，水带与接口应牢靠，消火栓栓口方向应向下或与墙面成90°角。检查时，应在顶层进行出水测试，水压符合要求。

4. 设有消火栓报警按钮的，接线应完好，有巡检指示功能的其巡检指示灯应闪亮。

5. 按下消火栓按钮，指示灯应常亮，火灾报警控制柜应收到反馈信号。

6. 消防软管卷盘的胶管不应粘连、开裂，与喷枪、阀门等连接应牢固；阀门操作手柄应完好；打开供水阀，各连接处无渗漏；开启喷枪，检查其喷水情况应正常。

六、室外消火栓系统

1. 室外消火栓不应被埋压、圈占、遮挡。

2. 地下消火栓应有明显标识，井盖能顺利开启，井内不能存有积水以及妨碍操作的杂物等。

3. 使用消火栓扳手检查消火栓闷盖、阀杆操作应灵活。

4. 连接消防水带测试室外消火栓，供水压力应符合规定，栓口无漏水现象。

5.冬季应做好防寒措施。

七、火灾自动报警系统

（一）火灾探测器

1.火灾探测器0.5m范围内不应有障碍物。

2.火灾探测器（常见感温探测器）平时巡检灯应闪亮，现场对顶棚的感烟探测器进行吹烟测试，感烟探测器应处于常亮状态，报警控制器应能够显示火灾报警信号，能打印火灾信息，系统显示时间应和实际时间一致。

3.不得出现被摘除、损坏或是未摘掉防尘罩等违法行为。

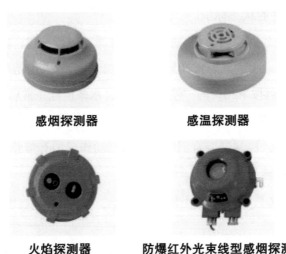

感烟探测器　　　　感温探测器

火焰探测器　　防爆红外光束线型感烟探测

（二）手动火灾报警按钮

1.具有巡检指示功能的手动报警按钮的指示灯应正常闪亮，表面无破损，周围不应存在影响辨识和操作的障碍物。

2.按下手动报警按钮进行报警试验，报警确认灯应常亮，核实火灾报警控制器应接收到其发出的火警信号。

八、自动喷水灭火系统

1.检查末端试水装置组件（试水阀门、试水接头、压力表）是否完整，压力不应低于0.05MPa。

2.末端试水装置应有醒目标志，地面应设置排水设施。

3. 打开末端试水放水阀进行放水试验，5分钟内消防水泵应自动启动，同时火灾报警控制器上应有水流指示器、压力开关报警信号及消防水泵的动作反馈信号。

九、消防水泵

1. 消防水泵房应设置应急照明和消防电话，采用耐火极限不低于2.0h的防火隔墙和1.5h的楼板与其他部位分隔；疏散门应直通室外或安全出口，开向疏散走道的门应采用甲级防火门。

2. 消防水泵应注明系统名称，应有主、备泵标识，消防给水设施的管道阀门应有开/关的状态标识。

3. 消防水泵控制柜转换开关应处于"自动"运行模式；将消防水泵控制的转换开关置于"手动"模式，分别按下主、备泵的"启动"按钮，待"启动"指示灯亮起再按下相应的"停止"按钮，水泵应能正常启动和停止。

4. 在消防控制室消防联动控制器上进行手动启、停消防泵的操作，泵组启、停应正常，控制器应有消防泵启动、动作反馈和停止的信号显示。

十、稳压设施

1. 气压罐及其组件外观不应存在锈蚀、缺损情况，标志应清晰、完整。

2. 电气控制箱应处于通电状态，将电气控制箱旋钮调至"手动"模式，分别按下主、备泵的"启动"按钮，待"启动"指示灯亮起再按下相应的"停止"按钮，稳压泵应能正常启动和停止。

3. 稳压系统的电接点压力表应有启停泵数值参数标识。

十一、消防水泵接合器

1. 水泵接合器设置应不被埋压、圈占、遮挡，应设置永久性标牌标明所属系统和区域，相关组件应完好有效。

2. 地下式水泵接合器井内无积水，应有防冻措施。

十二、防排烟设施

排烟系统分为自然排烟系统和机械排烟系统；防烟系统分为自然通风

系统和机械加压送风系统。

（一）自然排烟设施

自然排烟主要利用可开启的外窗进行排烟。

（二）机械排烟系统

1. 排烟风机的铭牌应牢固，应有注明系统名称和编号的醒目标识；风机与风管连接处应严密，连接材料不应老化和破损且周围不应存放可燃物。

2. 排烟风机房内不应堆放杂物，应设置应急照明和消防电话。

3. 控制柜应有注明系统名称和编号的醒目标识；仪表、指示灯应正常，转换开关应处于"自动"运行模式。

4. 在风机控制柜或消防控制室消防联动控制器转换开关处于"自动"运行模式时，按下"启动"按钮，风机应能正常启动并有反馈信号，在排烟口处用纸张进行风向和风量的测试，纸张应能被吸住，按下"停止"按钮，风机应停止运行并有反馈信号。

（三）机械加压送风系统

1. 风机的铭牌应牢固，应有注明系统名称和编号的醒目标识；风机与风管连接处应严密，连接材料不应老化和破损且周围不应存放可燃物。

2. 风机房内不应堆放杂物，应设置应急照明和消防电话。

3. 控制柜应有注明系统名称和编号的醒目标识；仪表、指示灯应正常，转换开关应处于"自动"运行模式。

4. 在风机控制柜或消防控制室消防联动控制器转换开关处于"自动"运行模式时，按下"启动"按钮，风机应能正常启动并有反馈信号，在送风口处进行风向和风量的测试，送风口应能明显感觉有风吹出，按下"停止"按钮，风机应停止运行并有反馈信号。

十三、防火卷帘

1. 防火卷帘下方不应存在影响卷帘门正常下降的障碍物，周围0.3m范围内不应堆放物品。

2. 检查防火卷帘防护罩（箱体）至顶棚、梁、墙、柱之间的空隙应采用防火封堵材料封堵并保持完好。

3. 防火卷帘控制器应处于无故障的工作状态，手动按下防火卷帘控制器"下行"按钮，卷帘应向下运行平稳并保持顺畅，下降到地面后不应存在缝隙；按下"上行"按钮，观察卷帘上升到高位时应能正常停止；卷帘运行过程中随时按停止按钮，卷帘应停止运行。

十四、消防控制室

1. 疏散门应直通室外或安全出口，开向建筑内的门应采用乙级防火门。

2. 室内应设置应急照明以及外线电话。

3. 应实行24小时专人值班制度，每班不少于2人，值班人员应持有四级（中级）及以上等级证书。

4. 应查阅《消防控制室值班记录》（值班人员应每2小时记录一次值班情况）、《建筑消防设施巡查记录表》、《建筑消防设施检测记录表》，通过查阅火灾报警控制器的历史信息，对比值班记录，检查值班人员记录火警或故障等信息是否及时。

5. 查阅交接班记录，检查交接班记录是否填写规范，并通过对照笔迹的方式查看是否由本人签字。

6. 火灾报警控制器应设在自动状态，按下火灾报警控制器自检按钮，火灾报警声、光信号应正常，切断火灾报警控制器的主电源，备用电源应自动投入运行。

7. 应询问值班人员是否熟知火灾处置流程。

8. 应存放各类消防资料、台账及火灾报警地址码图。

附　录

附录一　公众聚集场所检查步骤办法

行业部门消防安全检查步骤办法

序号	项目	检查内容	检查方式
1	建筑物、场所合法性检查	应当检查建设工程消防设计审核、消防验收意见书，或者消防设计、竣工验收消防备案凭证	查看档案
2	建筑物、场所使用情况	检查主要对照建设工程消防验收意见书、竣工验收消防备案凭证载明的使用性质，核对当前建筑物或者场所的使用情况是否相符	实地检查
3	消防安全责任落实情况	是否落实逐级消防安全责任制和岗位消防安全责任制，消防安全责任人、消防安全管理人以及各级、各岗位的消防安全责任人是否明确并落实责任。多产权、多使用权建筑是否明确消防安全责任	查看档案
4	消防安全制度检查	主要检查单位是否建立用火、用电、用油、用气安全管理制度，防火检查、巡查制度及火灾隐患整改制度，消防设施、器材维护管理制度，电气线路、燃气管路维护保养和检测制度，员工消防安全教育培训制度，灭火和应急疏散预案演练制度等	查看档案

序号	项目	检查内容	检查方式
5	消防档案检查	消防安全重点单位按要求建立健全消防档案，内容翔实，能全面反映单位消防基本情况和工作状况，并根据情况变化及时更新；其他单位将单位基本概况、消防部门填发的各种法律文书、与消防工作有关的材料和记录等统一保管备查	查看档案
6	防火检查、巡查情况检查	主要检查单位开展防火检查的记录，查看检查时间、内容和整改火灾隐患情况是否符合有关规定。对消防安全重点单位开展防火巡查情况的检查，主要检查每日防火巡查记录，查看巡查的人员、内容、部位、频次是否符合有关规定。公众聚集场所在营业期间是否每2小时开展一次防火巡查，医院、养老院、寄宿制学校、托儿所、幼儿园是否开展夜间巡查	查看档案
7	消防安全教育培训检查	要求自动消防系统操作人员对自动消防系统进行操作，查看操作是否熟练	实地检查
		检查职工岗前消防安全培训和定期组织消防安全培训记录；随机抽问职工，检查职工是否掌握查改本岗位火灾隐患、扑救初起火灾、疏散逃生的知识和技能。对人员密集场所的职工，还应当抽查引导人员疏散的知识和技能	查看档案现场提问
8	灭火应急疏散预案检查	检查灭火和应急疏散预案是否有组织机构，火情报告及处置程序，人员疏散组织程序及措施，扑救初起火灾程序及措施，通信联络、安全防护救护程序及措施等内容，查看单位组织消防演练记录	查看档案
		随机设定火情，要求单位组织灭火和应急疏散演练，检查预案组织实施情况。对属于人员密集场所的消防安全重点单位，检查承担灭火和组织疏散任务的人员确定情况及熟悉预案情况	实地检查

序号	项目	检查内容	检查方式
9	用火用电用气及装修材料管控	社会单位的电气焊工、电工、危险化学物品管理人员应当持证上岗	查看档案
		营业时间严禁动火作业，动火作业前应办理动火审批手续	查看档案实地检查
		电气线路敷设、电气设备安装维修应由具备相应职业资格人员进行操作	查看档案
		建筑内电线应规范架接，安装短路保护开关和防漏电开关，没有乱拉乱接电线	实地检查
		是否存在电动车违规充电停放行为	实地检查
		每日营业结束时应当切断营业场所内的非必要电源	实地检查
		每月应定期清洗厨房油烟管道	查看档案实地检查
		内部装修施工不得擅自改变防火分隔、安全出口数量、宽度和消防设施，不得降低装修材料燃烧性能等级要求	实地检查
		严禁采用泡沫夹芯板、可燃彩钢板加建、搭建	实地检查
10	微型消防站	微型消防站每班人员不应少于6人，并且每月应定期开展半天灭火救援训练，熟练掌握扑救初期火灾能力，随时做好应急出动准备，达到1分钟到场确认，3分钟到场扑救标准	查看档案实地检查
11	安全疏散	根据被检查单位建筑层数和面积，现场全数检查或抽查疏散通道、安全出口是否畅通	实地检查
		抽查封闭楼梯、防烟楼梯及其前室的防火门常闭状态及自闭功能情况；平时需要控制人员随意出入的疏散门不用任何工具能否从内部开启，是否有明显标识和使用提示；常开防火门的启闭状态在消防控制室的显示情况；在不同楼层或防火分区至少抽查3处疏散指示标志、应急照明是否完好有效	实地检查

序号	项目	检查内容	检查方式
12	建筑防火和防火分隔	防火间距、消防车通道是否符合要求	实地检查
		人员密集场所门窗上是否设置影响逃生和灭火救援的障碍物	实地检查
		设置在建筑内厨房的门是否与公共部位有防火分隔，厨房的门窗是否设为乙级防火门窗	实地检查
		防火卷帘下方是否有障碍物。自动、手动启动防火卷帘，卷帘能否下落至地板面，反馈信号是否正确	实地检查
		是否按规定安装防火门，防火门有无损坏，闭门器是否完好	实地检查
13	消防控制室	消防控制室值班人员应实行24小时不间断值班制度，每班不应小于2人，且应持有相应的消防职业资格证书，并应当熟练掌握建筑基本情况、消防设施设置情况、消防设施设备操作规程和火灾、故障应急处置程序和要求，如实填写消防控制室值班记录表	查看档案实地检查
		在消防控制室检查自动消防设施运行情况，主要测试火灾自动报警系统、自动灭火系统、消火栓系统、防排烟系统、防火卷帘和联动控制设备的运行情况，测试消防电话通话情况。在消防水泵房启、停消防水泵，测试运行情况	实地检查
14	消防设施、器材	社会单位应委托具备相应从业条件的消防技术服务机构每月对建筑消防设施进行一次维护保养。每年对建筑消防设施进行一次全面检测	查看档案
		检查火灾自动报警系统：选择不同楼层或者防火分区进行抽查。对抽查到的楼层或者防火分区，至少抽查3个探测器进行火灾报警、故障报警、火灾优先功能试验，至少抽查一处手动报警器进行动作试验，核查消防控制室控制设备对报警、故障信号的显示情况，联动控制设施动作显示情况；至少抽查一处消防电话插孔，测试通话情况	实地检查

序号	项目	检查内容	检查方式
14	消防设施、器材	检查自动喷水灭火系统：检查每个湿式报警阀，查看报警阀主件是否完整，前后阀门的开启状态，进行放水测试，核查压力开关和水力警铃报警情况；在每个湿式报警阀控制范围的最不利点进行末端试水，检查水压和流量情况，核查消防控制室的信号显示和消防水泵的联动启动情况	实地检查
		检查气体灭火系统：检查气瓶间的气瓶重量、压力显示以及开关装置开启情况	实地检查
		检查泡沫灭火系统：检查泡沫泵房，启动水泵；检查泡沫液种类、数量及有效期；检查泡沫产生设施工作运行状态	实地检查
		检查防排烟系统：用自动和手动方式启动风机，抽查送风口、排烟口开启情况，核查消防控制室的信号显示情况	实地检查
		检查防火卷帘：至少抽查一个楼层或者一个防火分区的卷帘门，对自动和手动方式进行启动、停止测试，核查消防控制室的信号显示情况	实地检查
		检查室内消火栓：在每个分区的最不利点抽查一处室内消火栓进行放水试验，检查水压和流量情况，按启泵按钮，核查消防控制室启泵信号显示情况	实地检查
		检查室外消火栓：至少抽查一处室外消火栓进行放水试验，检查水压和水量情况	实地检查
		检查水泵接合器：查看标识的供水系统类型及供水范围等情况	实地检查
		检查消防水池：查看消防水池、消防水箱储水情况，消防水箱出水管阀门开启状态	实地检查
		灭火器：至少抽查3个点配备的灭火器，检查灭火器的选型、压力情况	实地检查
		消防设施、器材应当设置醒目的标识，并用文字或图例标明操作使用方法；主要消防设施设备上应当张贴记载维护保养、检测情况的卡片或记录	实地检查

序号	项目	检查内容	检查方式
15	消防安全重点部位	是否将容易发生火灾、一旦发生火灾可能严重危及人身和财产安全以及对消防安全有重大影响的部位确定为消防安全重点部位,设置明显的防火标志,实行严格管理	实地检查
		是否明确消防安全管理的责任部门和责任人,配备必要的灭火器材、装备和个人防护器材,制定和完善事故应急处置操作程序	查看档案实地检查
		核查人员在岗在位情况	实地检查

社会单位自检自查步骤办法

序号	项目	检查内容	自改措施	检查方式
1	消防安全责任落实情况	是否落实逐级消防安全责任制和岗位消防安全责任制	按要求整改	查看档案现场提问
		消防安全责任人、消防安全管理人以及各级、各岗位的消防安全责任人是否明确并落实责任	将消防安全工作职责落实到每个岗位	查看档案现场提问
2	消防安全管理制度规程	社会单位应按照国家有关规定,结合本单位的特点,建立健全各项消防安全制度和保障消防安全的操作规程,并公布执行。单位的消防安全制度主要包括以下内容: 1. 消防安全教育、培训制度 2. 防火巡查、检查制度 3. 安全疏散设施管理制度 4. 消防(控制室)值班制度 5. 消防设施、器材维护管理制度 6. 火灾隐患整改制度 7. 用火用电安全管理制度 8. 易燃易爆危险物品和场所防火爆制度 9. 专职、义务消防队和微型消防站的组织管理制度 10. 灭火和应急疏散预案演练制度 11.燃气和电器设备的检查和管理制度 12. 消防安全工作考评和奖惩制度 13. 其他必要的消防安全内容	按要求制定各项消防安全管理制度	查看档案

序号	项目	检查内容	自改措施	检查方式
3	消防档案工作	消防安全重点单位按要求建立健全消防档案，内容翔实，能全面反映单位消防基本情况和工作状况，并根据情况变化及时更新；其他单位将单位基本概况、消防部门填发的各种法律文书、与消防工作有关的材料和记录等统一保管备查	按要求整改	查看档案
4	防火巡查检查	社会单位应按本行业系统消防安全标准化管理要求，每天开展防火巡查，并强化夜间巡查；每月应至少组织一次防火检查，并应正确填写巡查和检查记录表	严格按照规定要求开展巡查检查工作；正确填写巡查和检查记录	查看档案
		对发现的火灾隐患进行登记并跟踪落实整改到位，确保疏散通道、安全出口、消防车道保持畅通	立即清理疏散通道、安全出口、消防车道障碍物	查看档案
5	消防安全培训和应急疏散演练	所有从业员工应当进行上岗前消防培训。消防安全重点单位对每名员工应当至少每年进行一次消防安全培训，公众聚集场所对员工的消防安全培训应当至少每半年一次，其他单位也应当定期组织开展消防安全培训	组织新员工上岗前消防培训；组织全体职员开展消防培训	查看档案
		消防安全重点单位应当按照灭火和应急疏散预案，至少每半年进行一次演练，并结合实际，不断完善预案。其他单位应当结合本单位实际，参照制订相应的应急方案，至少每年组织一次演练	组织全体职员开展消防演练	查看档案
6	消防安全重点部位	社会单位内的仓储库房、厨房、配电房、锅炉房、柴油发电机房、制冷机房、空调机房、冷库、电动车集中停放及充电场所等火灾危险性大的部位应确定为重点部位，并落实严格的管控防范措施	按要求确定重点部位，制定重点部位消防安全管理措施	查看档案实地检查

序号	项目	检查内容	自改措施	检查方式
7	用火用电用气及装修材料管控	社会单位的电气焊工、电工、易燃易爆危险物品管理员应当持证上岗	相关人员取得上岗证	查看档案
		营业时间严禁动火作业，动火作业前应办理动火审批手续	立即禁止动火作业，按程序办理动火手续	查看档案实地检查
		电气线路敷设、电气设备安装维修应由具备相应职业资格人员进行操作	相关人员取得上岗证	查看档案
		建筑内电线应规范架接，安装短路保护开关和防漏电开关，没有乱拉乱接电线	按要求整改	实地检查
		是否存在电动车违规充电停放行为	立即清理	实地检查
8	消防控制室	每日营业结束时应当切断营业场所内的非必要电源	立即切断营业场所内的非必要电源	实地检查
		每月应定期清洗厨房油烟管道	清洗厨房油烟管道	查看档案实地检查
		内部装修施工不得擅自改变防火分隔、安全出口数量、宽度和消防设施，不得降低装修材料燃烧性能等级要求	立即停止装修施工，整改安全隐患	实地检查
		严禁采用泡沫夹芯板、可燃彩钢板加建、搭建	一律拆除	实地检查
		消防控制室值班人员应实行24小时不间断值班制度，每班不应少2人，且应持有相应的消防职业资格证书，并应当熟练掌握建筑基本情况、消防设施设置情况、消防设施设备操作规程和火灾、故障应急处置程序和要求，如实填写消防控制室值班记录表	组织值班人员培训考证	查看档案实地检查

序号	项目	检查内容	自改措施	检查方式
9	微型消防站	微型消防站每班人员不应少于6人，并且每月应定期开展半天灭火救援训练，熟练掌握扑救初期火灾能力，随时做好应急出动准备，达到1分钟到场确认，3分钟到场扑救标准	配齐微型消防站队员和装备，开展应急处置训练	查看档案实地检查
10	安全疏散	安全出口锁闭、堵塞或者数量不足的（安全出口不少于2个）、疏散通道堵塞	安全出口锁闭立即开锁；恢复、增加安全出口	实地检查
		外窗、阳台是否设置防盗铁栅栏	开设紧急逃生口	实地检查
11	建筑防火	防火间距、消防车通道是否符合要求	按要求整改	实地检查
		人员密集场所门窗上是否设置影响逃生和灭火救援的障碍物	按要求整改	实地检查
12	防火分隔	设置在建筑内厨房的门是否与公共部位有防火分隔，厨房的门窗是否设为乙级防火门窗	厨房的门窗改为乙级防火门、窗	实地检查
		防火卷帘下方是否有障碍物。自动、手动启动防火卷帘能否下落至地板面，反馈信号是否正确	按要求整改	实地检查
		是否按规定安装防火门，防火门有无损坏，闭门器是否完好	按要求整改	实地检查
13	消防设施器材	是否委托具备相应从业条件的消防技术服务机构每月对建筑消防设施进行一次维护保养。每年对建筑消防设施进行一次全面检测	签订维保合同，落实每月消防设施维保和年度检测工作	查看台账
		是否按要求设置灭火器、室内外消火栓、疏散指示标志和应急照明等消防设施	购买灭火器、疏散指示标志和应急照明等消防设施；安装室内外消火栓	实地检查

序号	项目	检查内容	自改措施	检查方式
13	消防设施器材	是否按要求设置自动喷水灭火系统、火灾自动报警系统、应急广播等	安装自动喷水灭火系统、火灾自动报警系统、应急广播等	实地检查
		室内消火栓、喷淋的消防水泵电源控制柜开关是否设在自动状态，消防水池、高位水箱的水量是否符合要求，室内消火栓、喷淋的消防水泵手动测试启动时是否能启动	按要求整改	实地检查
		灭火器的插销、喷管、压把等部件是否正常、使用年限是否过期、压力指针是否在绿色范围	维修或重新购买	实地检查
		疏散指示标志、应急照明灯在测试或断电时是否能在一定时间内保持亮度	维修或重新购买	实地检查
		消防控制室、消防水泵房是否设置应急照明灯和消防电话	安装应急照明灯和消防电话	实地检查
		火灾自动报警主机是否设置为自动状态、报警主机是否有故障、报警主机远程启动消防泵、报警探测器上指示灯是否能定时闪烁	按要求整改	实地检查

附录二　人员密集场所消防安全管理

1　范围

本文件提出了人员密集场所的消防安全管理要求和措施，包括总则、消防安全责任、消防组织、消防安全制度和管理、消防安全措施、灭火和应急疏散预案编制和演练、火灾事故处置与善后。

本文件适用于具有一定规模的人员密集场所及其所在建筑的消防安全管理。

2　规范性引用文件

下列文件中的内容通过文中的规范性引用而构成本文件必不可少的条款。其中，注日期的引用文件，仅该日期对应的版本适用于本文件；不注日期的引用文件，其最新版本（包括所有的修改单）适用于本文件。

GB/T 5907　（所有部分）消防词汇

GB 25201　建筑消防设施的维护管理

GB 25506　消防控制室通用技术要求

GB 35181　重大火灾隐患判定方法

GB/T 38315　社会单位灭火和应急疏散预案编制及实施导则

GB 50016　建筑设计防火规范

GB 50084　自动喷水灭火系统设计规范

GB 50116　火灾自动报警系统设计规范

GB 50140　建筑灭火器配置设计规范

GB 50222　建筑内部装修设计防火规范

GB 51251　　建筑防烟排烟系统技术标准

GB 51309　　消防应急照明和疏散指示系统技术标准

XF 703　　　住宿与生产储存经营合用场所消防安全技术要求

XF/T 1245　　多产权建筑消防安全管理

JGJ 48　　　商店建筑设计规范

3　术语和定义

GB/T 5907、GB 25201、GB 25506、GB 35181、GB/T 38315、GB 50016、GB 50084、GB 50116、GB 50140、GB 50222、GB 51251、GB 51309、XF 703、XF/T 1245、JGJ 48界定的以及下列术语和定义适用于本文件。

3.1　公共娱乐场所 public entertainment occupancy

具有文化娱乐、健身休闲功能并向公众开放的室内场所，包括影剧院、录像厅、礼堂等演出、放映场所，舞厅、卡拉OK厅等歌舞娱乐场所，具有娱乐功能的夜总会、音乐茶座、酒吧和餐饮场所，游艺、游乐场所和保龄球馆、旱冰场、桑拿等娱乐、健身、休闲场所和互联网上网服务营业场所。

3.2　公众聚集场所 public assembly occupancy

面对公众开放，具有商业经营性质的室内场所，包括宾馆、饭店、商场、集贸市场、客运车站候车室、客运码头候船厅、民用机场航站楼、体育场馆、会堂以及公共娱乐场所等。

3.3　人员密集场所 assembly occupancy

人员聚集的室内场所，包括公众聚集场所，医院的门诊楼、病房楼，学校的教学楼、图书馆、食堂和集体宿舍，养老院，福利院，托儿所，幼儿园，公共图书馆的阅览室，公共展览馆、博物馆的展示厅，劳动密集型企业的生产加工车间和员工集体宿舍，旅游、宗教活动场所等。

3.4　消防车登高操作场地 operating area for fire fighting

靠近建筑，供消防车停泊、实施灭火救援操作的场地。

3.5　专职消防队 full-time fire brigade

由专职人员组成，有固定的消防站用房，配备消防车辆、装备、通信器材，定期组织消防训练，24小时备勤的消防组织。

3.6 志愿消防队 volunteer fire brigade

由志愿人员组成，平时有自己的主要职业、不在消防站备勤，但配备消防装备、通信器材，定期组织消防训练，能够在接到火警出动信息后迅速集结、参加灭火救援的消防组织。

3.7 火灾隐患 fire potential

可能导致火灾发生或火灾危害增大的各类潜在不安全因素。

3.8 重大火灾隐患 major fire potential

违反消防法律法规、不符合消防技术标准，可能导致火灾发生或火灾危害增大，并由此可能造成重大、特别重大火灾事故或严重社会影响的各类潜在不安全因素。

4 总则

4.1 人员密集场所的消防安全管理应以防止火灾发生，减少火灾危害，保障人身和财产安全为目标，通过采取有效的管理措施和先进的技术手段，提高预防和控制火灾的能力。

4.2 人员密集场所的消防安全管理应遵守消防法律、法规、规章（以下统称"消防法律法规"），贯彻"预防为主、防消结合"的消防工作方针，履行消防安全职责，保障消防安全。

4.3 人员密集场所应结合本场所的特点建立完善的消防安全管理体系和机制，自行开展或委托消防技术服务机构定期开展消防设施维护保养检测、消防安全评估，并宜采用先进的消防技术、产品和方法，保证建筑具备消防安全条件。

4.4 人员密集场所应逐级落实消防安全责任制，明确各级、各岗位消防安全职责，确定相应的消防安全责任人员。

4.5 实行承包、租赁或者委托经营、管理时，人员密集场所的产权方应提供符合消防安全要求的建筑物、场所；当事人在订立相关租赁或承包合同时，应依照有关规定明确各方的消防安全责任。

4.6 消防车通道（市政道路除外）、消防车登高操作场地、涉及公共消防安全的疏散设施和其他建筑消防设施，应由人员密集场所产权方或者委托统一管理单位管理。承包、承租或者受委托经营、管理者，应在其使用、管理范围内履行消防安全职责。

4.7 对于有两个或两个以上产权者和使用者的人员密集场所，除依法履行自身消防管理职责外，对消防车通道、涉及公共消防安全的疏散设施和其他建筑消防设施应明确统一管理的责任者，并应符合XF/T 1245的规定。

5 消防安全责任

5.1 通用要求

5.1.1 人员密集场所应加强消防安全主体责任的落实，全面实行消防安全责任制。

5.1.2 人员密集场所的消防安全责任人，应由该场所法人单位的法定代表人、主要负责人或者实际控制人担任。消防安全重点单位应确定消防安全管理人，其他单位消防安全责任人可以根据需要确定本场所的消防安全管理人，消防安全管理人宜具备注册消防工程师执业资格。承包、租赁场所的承租人是其承包、租赁范围的消防安全责任人。人员密集场所单位内部各部门的负责人是该部门的消防安全负责人。

5.1.3 消防安全责任人、消防安全管理人应经过消防安全培训。进行电焊、气焊等具有火灾危险作业的人员和自动消防设施的值班操作人员，应经过消防职业培训，掌握消防基本知识、防火、灭火基本技能、自动消防设施的基本维护与操作知识，遵守操作规程，持证上岗。

5.1.4 保安人员、专职消防队队员、志愿消防队（微型消防站）队员应掌握消防安全知识和灭火的基本技能，定期开展消防训练，火灾时应履行扑救初起火灾和引导人员疏散的义务。

5.2 产权方、使用方、统一管理单位的职责

5.2.1 制定消防安全管理制度和保障消防安全的操作规程。

5.2.2 开展消防法律法规和防火安全知识的宣传教育，对从业人员进

行消防安全教育和培训。

5.2.3 定期开展防火巡查、检查，及时消除火灾隐患。

5.2.4 保障疏散走道、通道、安全出口、疏散门和消防车通道的畅通，不被占用、堵塞、封闭。

5.2.5 确定各类消防设施的操作维护人员，保证消防设施、器材以及消防安全标志完好有效，并处于正常运行状态。

5.2.6 组织扑救初起火灾，疏散人员，维持火场秩序，保护火灾现场，协助火灾调查。

5.2.7 制订灭火和应急疏散预案，定期组织消防演练。

5.2.8 建立并妥善保管消防档案。

5.3 消防安全责任人的职责

5.3.1 贯彻执行消防法律法规，保证人员密集场所符合国家消防技术标准，掌握本场所的消防安全情况，全面负责本场所的消防安全工作。

5.3.2 统筹安排本场所的消防安全管理工作，批准实施年度消防工作计划。

5.3.3 为本场所消防安全管理工作提供必要的经费和组织保障。

5.3.4 确定逐级消防安全责任，批准实施消防安全管理制度和保障消防安全的操作规程。

5.3.5 组织召开消防安全例会，组织开展防火检查，督促整改火灾隐患，及时处理涉及消防安全的重大问题。

5.3.6 根据有关消防法律法规的规定建立的专职消防队、志愿消防队（微型消防站），并配备相应的消防器材和装备。

5.3.7 针对本场所的实际情况，组织制订灭火和应急疏散预案，并实施演练。

5.4 消防安全管理人的职责

5.4.1 拟订年度消防安全工作计划，组织实施日常消防安全管理工作。

5.4.2 组织制定消防安全管理制度和保障消防安全的操作规程，并检查督促落实。

5.4.3　拟订消防安全工作的经费预算和组织保障方案。

5.4.4　组织实施防火检查和火灾隐患整改。

5.4.5　组织实施对本场所消防设施、灭火器材和消防安全标志的维护保养，确保其完好有效和处于正常运行状态，确保疏散通道、走道和安全出口、消防车通道畅通。

5.4.6　组织管理专职消防队或志愿消防队（微型消防站），开展日常业务训练，组织初起火灾扑救和人员疏散。

5.4.7　组织从业人员开展岗前和日常消防知识、技能的教育和培训，组织灭火和应急疏散预案的实施和演练。

5.4.8　定期向消防安全责任人报告消防安全情况，及时报告涉及消防安全的重大问题。

5.4.9　管理人员密集场所委托的物业服务企业和消防技术服务机构。

5.4.10　消防安全责任人委托的其他消防安全管理工作。

5.5　部门消防安全负责人的职责

5.5.1　组织实施本部门的消防安全管理工作计划。

5.5.2　根据本部门的实际情况开展岗位消防安全教育与培训，制定消防安全管理制度，落实消防安全措施。

5.5.3　按照规定实施消防安全巡查和定期检查，确保管辖范围的消防设施完好有效。

5.5.4　及时发现和消除火灾隐患，不能消除的，应采取相应措施并向消防安全管理人报告。

5.5.5　发现火灾，及时报警，并组织人员疏散和初起火灾扑救。

5.6　消防控制室值班员的职责

5.6.1　应持证上岗，熟悉和掌握消防控制室设备的功能及操作规程，按照规定和规程测试自动消防设施的功能，保证消防控制室的设备正常运行。

5.6.2　对火警信号，应按照7.6.16规定的消防控制室接警处警程序处置。

5.6.3 对故障报警信号应及时确认,并及时查明原因,排除故障;不能排除的,应立即向部门主管人员或消防安全管理人报告。

5.6.4 应严格执行每日24小时专人值班制度,每班不应少于2人,做好消防控制室的火警、故障记录和值班记录。

5.7 消防设施操作员的职责

5.7.1 熟悉和掌握消防设施的功能和操作规程。

5.7.2 按照制度和规程对消防设施进行检查、维护和保养,保证消防设施和消防电源处于正常运行状态,确保有关阀门处于正确状态。

5.7.3 发现故障,应及时排除;不能排除的,应及时向上级主管人员报告。

5.7.4 做好消防设施运行、操作、故障和维护保养记录。

5.8 保安人员的职责

5.8.1 按照消防安全管理制度进行防火巡查,并做好记录;发现问题,应及时向主管人员报告。

5.8.2 发现火情,应及时报火警并报告主管人员,实施灭火和应急疏散预案,协助灭火救援。

5.8.3 劝阻和制止违反消防法律法规和消防安全管理制度的行为。

5.9 电气焊工、易燃易爆危险品管理及操作人员的职责

5.9.1 执行有关消防安全制度和操作规程,履行作业前审批手续。

5.9.2 落实相应作业现场的消防安全防护措施。

5.9.3 发生火灾后,应立即报火警,实施扑救。

5.10 专职消防队、志愿消防队队员的职责

5.10.1 熟悉单位基本情况、灭火和应急疏散预案、消防安全重点部位及消防设施、器材设置情况。

5.10.2 参加消防业务培训及消防演练,掌握消防设施及器材的操作使用方法。

5.10.3 专职消防队定期开展灭火救援技能训练,能够24小时备勤。

5.10.4　志愿消防队能在接到火警出动信息后迅速集结、参加灭火救援。

5.11　员工的职责

5.11.1　主动接受消防安全宣传教育培训，遵守消防安全管理制度和操作规程。

5.11.2　熟悉本工作场所消防设施、器材及安全出口的位置，参加单位灭火和应急疏散预案演练。

5.11.3　清楚本单位火灾危险性，会报火警、会扑救初起火灾、会组织疏散逃生和自救。

5.11.4　每日到岗后及下班前应检查本岗位工作设施、设备、场地、电源插座、电气设备的使用状态等，发现隐患及时处置并向消防安全工作归口管理部门报告。

5.11.5　监督其他人员遵守消防安全管理制度，制止吸烟、使用大功率电器等不利于消防安全的行为。

6　消防组织

6.1　人员密集场所可根据需要设置消防安全主管部门负责管理本场所的日常消防安全工作。

6.2　人员密集场所应根据有关法律法规和实际需要建立专职消防队。

6.3　人员密集场所应根据需要建立志愿消防队，志愿消防队员的数量不应少于本场所从业人员数量的30%。志愿消防队白天和夜间的值班人数应能保证扑救初起火灾的需要。

6.4　属于消防安全重点单位的人员密集场所，应依托志愿消防队建立微型消防站。

7　消防安全制度和管理

7.1　通用要求

7.1.1　公众聚集场所投入使用、营业前，应依法向消防救援机构申请消防安全检查，并经消防救援机构许可同意。人员密集场所改建、扩建、装修或改变用途的，应依法报经相关部门审核批准。

7.1.2 建筑四周不应搭建违章建筑，不应占用防火间距、消防车道、消防车登高操作场地，不应遮挡室外消火栓或消防水泵接合器，不应设置影响逃生、灭火救援或遮挡排烟窗、消防救援口的架空管线、广告牌等障碍物。

7.1.3 人员密集场所不应擅自改变防火分区，不应擅自停用、改变防火分隔设施和消防设施，不应降低建筑装修材料的燃烧性能等级。建筑的内部装修不应改变疏散门的开启方向，减少安全出口、疏散出口的数量和宽度，增加疏散距离，影响安全疏散。建筑内部装修不应影响消防设施的正常使用。

7.1.4 人员密集场所应在公共部位的明显位置设置疏散示意图、警示标识等，提示公众对该场所存在的下列违法行为有投诉、举报的义务：

a）使用、营业期间锁闭疏散门；

b）封堵、占用疏散通道或消防车道；

c）使用、营业期间违规进行电焊、气焊等动火作业；

d）疏散指示标志损坏、不准确或不清楚；

e）停用消防设施、消防设施未保持完好有效；

f）违规储存使用易燃易爆危险品。

7.2 消防安全例会

7.2.1 人员密集场所应建立消防安全例会制度，处理涉及消防安全的重大问题，研究、部署、落实本场所的消防安全工作计划和措施。

7.2.2 消防安全例会应由消防安全责任人主持，消防安全管理人提出议程，有关人员参加，并应形成会议纪要或决议，每月不宜少于一次。

7.3 防火巡查、检查

7.3.1 人员密集场所应建立防火巡查、防火检查制度，确定巡查、检查的人员、内容、部位和频次。

7.3.2 防火巡查、检查中，应及时纠正违法、违常行为，消除火灾隐患；无法消除的，应立即报告，并记录存档。防火巡查、检查时，应填写巡查、检查记录，巡查和检查人员及其主管人员应在记录上签名。巡查记录表应包括部位、时间、人员和存在的问题，参见附录A。检查记录表应包括部位、时间、人员、巡查情况、火灾隐患整改情况和存在的问题，参见附录B。

7.3.3　防火巡查时发现火灾，应立即报火警并启动单位灭火和应急疏散预案。

7.3.4　人员密集场所应每日进行防火巡查，并结合实际组织开展夜间防火巡查。防火巡查宜采用电子巡更设备。

7.3.5　公众聚集场所在营业期间，应至少每2h巡查一次。宾馆、医院、养老院及寄宿制的学校、托儿所和幼儿园，应组织每日夜间防火巡查，且应至少每2h巡查一次。商场、公共娱乐场所营业结束后，应切断非必要用电设备电源，检查并消除遗留火种。

7.3.6　防火巡查应包括下列内容：

a）用火、用电有无违章情况；

b）安全出口、疏散通道是否畅通，有无锁闭；安全疏散指示标志、应急照明是否完好；

c）常闭式防火门是否保持常闭状态，防火卷帘下是否有影响防火卷帘正常使用的物品；

d）消防设施、器材是否在位、完好有效。消防安全标志是否标识正确、清楚；

e）消防安全重点部位的人员在岗情况；

f）消防车道是否畅通；

g）其他消防安全情况。

7.3.7　人员密集场所应至少每月开展一次防火检查，检查的内容应包括：

a）消防车道、消防车登高操作场地、室外消火栓、消防水源情况；

b）安全疏散通道、楼梯，安全出口及其疏散指示标志、应急照明情况；

c）消防安全标志的设置情况；

d）灭火器材配置及完好情况；

e）楼板、防火墙、防火隔墙和竖井孔洞的封堵情况；

f）建筑消防设施运行情况；

g）消防控制室值班情况、消防控制设备运行情况和记录情况；

h）微型消防站人员值班值守情况，器材、装备设备完备情况；

i）用火、用电、用油、用气有无违规、违章情况；

j）消防安全重点部位的管理情况；

k）防火巡查落实情况和记录情况；

l）火灾隐患的整改以及防范措施的落实情况；

m）消防安全重点部位人员以及其他员工消防知识的掌握情况。

7.4 消防宣传与培训

7.4.1 人员密集场所应通过多种形式开展经常性的消防安全宣传与培训。

7.4.2 对公众开放的人员密集场所，应通过张贴图画、发放消防刊物、播放视频、举办消防文化活动等多种形式对公众宣传防火、灭火、应急逃生等常识。

7.4.3 学校、幼儿园等教育机构应将消防知识纳入教育、教学、培训的内容，落实教材、课时、师资、场地等，组织开展多种形式的消防教育活动。

7.4.4 人员密集场所应至少每半年组织一次对每名员工的消防培训，对新上岗人员应进行上岗前的消防培训。

7.4.5 消防培训应包括下列内容：

a）有关消防法律法规、消防安全管理制度、保障消防安全的操作规程等；

b）本单位、本岗位的火灾危险性和防火措施；

c）建筑消防设施、灭火器材的性能、使用方法和操作规程；

d）报火警、扑救初起火灾、应急疏散和自救逃生的知识、技能；

e）本场所的安全疏散路线，引导人员疏散的程序和方法等；

f）灭火和应急疏散预案的内容、操作程序；

g）其他消防安全宣传教育内容。

7.5 安全疏散设施管理

7.5.1 人员密集场所应建立安全疏散设施管理制度，明确安全疏散设施管理的责任部门、责任人和安全疏散设施的检查内容、要求。

注：安全疏散设施包括疏散门、疏散走道、疏散楼梯、消防应急照明、疏散指示标志等设施，以及消防过滤式自救呼吸器、逃生缓降器等安全疏散辅助器材。

7.5.2 安全疏散设施管理应符合下列要求：

a）确保疏散通道、安全出口和疏散门的畅通，禁止占用、堵塞、封闭疏散通道和楼梯间；

b）人员密集场所在使用和营业期间，不应锁闭疏散出口、安全出口的门，或采取火灾时不需使用钥匙等任何工具即能从内部易于打开的措施，并应在明显位置设置含有使用提示的标识；

c）避难层（间）、避难走道不应挪作他用，封闭楼梯间、防烟楼梯间及其前室的门应保持完好，门上明显位置应设置提示正确启闭状态的标识；

d）应保持常闭式防火门处于关闭状态，常开防火门应能在火灾时自行关闭，并应具有信号反馈的功能；

e）安全出口、疏散门不得设置门槛或其他影响疏散的障碍物，且在其1.4m范围内不应设置台阶；

f）疏散应急照明、疏散指示标志应完好、有效；发生损坏时，应及时维修、更换；

g）消防安全标志应完好、清晰，不应被遮挡；

h）安全出口、公共疏散走道上不应安装栅栏；

i）建筑每层外墙的窗口、阳台等部位不应设置影响逃生和灭火救援的栅栏，确需设置时，应能从内部易于开启；

j）在宾馆、商场、医院、公共娱乐场所等场所各楼层的明显位置应设置安全疏散指示图，疏散指示图上应标明疏散路线、安全出口和疏散门、人员所在位置和必要的文字说明；

k）在宾馆、商场、医院、公共娱乐场所等场所各楼层的明显位置应设置疏散引导箱，配备过滤式消防自救呼吸器、瓶装水、毛巾、救援哨、发光指挥棒、疏散用手电筒等安全疏散辅助器材。

7.5.3　举办展览、展销、演出等大型群众性活动前，应事先根据场所的疏散能力核定容纳人数。活动期间，应采取防止超员的措施控制人数。

7.6　消防设施管理

7.6.1　人员密集场所应建立消防设施管理制度，其内容应明确消防设施管理的责任部门和责任人、消防设施的检查内容和要求、消防设施定期维护保养的要求。

> **注**：消防设施包括室内外消火栓、自动灭火系统、火灾自动报警系统和防排烟系统等设施。

7.6.2　人员密集场所应使用合格的消防产品，建立消防设施、器材的档案资料，记明配置类型、数量、设置部位、检查及维修单位（人员）、更换药剂时间等有关情况。

7.6.3　建筑消防设施投入使用后，应保证其处于正常运行或准工作状态，不得擅自断电停运或长期带故障运行。需要维修时，应采取相应的防范措施；维修完成后，应立即恢复到正常运行状态。

7.6.4　人员密集场所应定期对建筑消防设施、器材进行巡查、单项检查、联动检查，做好维护保养。

7.6.5　属于消防安全重点单位的人员密集场所，每日应进行一次建筑消防设施、器材巡查；其他单位，每周应至少进行一次。建筑消防设施巡查，应明确各类建筑消防设施、器材的巡查部位和内容。

7.6.6　建筑消防设施的电源开关、管道阀门，均应指示正常运行位置，并正确标识开/关的状态；对需要保持常开或常闭状态的阀门，应采取铅封、标识等限位措施。

7.6.7　设置建筑消防设施的人员密集场所，每年应至少进行一次建筑消防设施联动检查，每月应至少进行一次建筑消防设施单项检查。

7.6.8　人员密集场所应建立建筑消防设施、器材故障报告和故障消除的登记制度。发生故障后，应及时组织修复。因故障、维修等原因，需要暂时停用系统的，应当严格履行内部审批程序，采取确保安全的有效措施，并在建筑入口等明显位置公告。

7.6.9 消防设施的维护、管理还应符合下列要求。

a）消火栓应有明显标识。

b）室内消火栓箱不应上锁，箱内设备应齐全、完好，其正面至疏散通道处，不得设置影响消火栓正常使用的障碍物。

c）室外消火栓不应埋压、圈占；距室外消火栓、水泵接合器2.0m范围内不得设置影响其正常使用的障碍物。

d）展品、商品、货柜，广告箱牌，生产设备等的设置不得影响防火门、防火卷帘、室内消火栓、灭火剂喷头、机械排烟口和送风口、自然排烟窗、火灾探测器、手动火灾报警按钮、声光报警装置等消防设施的正常使用。

e）确保消防设施和消防电源始终处于正常运行状态；确保消防水池、气压水罐或高位消防水箱等消防储水设施水量符合规定要求；确保消防水泵出水管阀门、自动喷水灭火系统管道上的阀门常开；确保消防水泵、防排烟风机、防火卷帘等消防用电设备的配电柜、控制柜开关处于接通和自动位置。需要维修时，应采取相应的措施，维修完成后，应立即恢复到正常运行状态。

f）对自动消防设施应每年进行全面检查测试，并出具检测报告。当事人在订立相关委托合同时，应依照有关规定明确各方关于消防设施维护和检查的责任。

7.6.10 消防控制室管理应明确值班人员的职责，制定并落实24小时值班制度（每班不应少于2人）和交接班的程序、要求以及设备自检、巡检的程序、要求。值班人员应持证上岗。

7.6.11 消防控制室内不得堆放杂物，应保证其环境满足设备正常运行的要求，应具备各楼层消防设施平面布置图，完整的消防设施设计、施工和验收资料，灭火和应急疏散预案等。

7.6.12 严禁对消防控制室报警控制设备的喇叭，蜂鸣器等声光报警器件进行遮蔽、堵塞、断线、旁路等操作，保证警示器件处于正常工作状态。

7.6.13　严禁将消防控制室的消防电话、消防应急广播、消防记录打印机等设备挪作他用。消防图形显示装置中专用于报警显示的计算机，严禁安装游戏、办公等其他无关软件。

7.6.14　在消防控制室内，应置备一定数量的灭火器、消防过滤式自救呼吸器、空气呼吸器、手持扩音器、手电筒、对讲机、消防梯、消防斧、辅助逃生装置等消防紧急备用物品、工具仪表。

7.6.15　在消防控制室内，应置备有关消防设备用房，通往屋顶和地下室等消防设施的通道门锁钥匙、防火卷帘按钮钥匙、手动报警按钮恢复钥匙等，并分类标志悬挂；置备有关消防电源、控制箱（柜）、开关专用钥匙及手提插孔消防电话、安全工作帽等消防专用工具、器材。

7.6.16　消防控制室接到火灾警报后，消防控制室值班人员应立即以最快方式进行确认。确认发生火灾后，应立即确认火灾报警联动控制开关处于自动状态，拨打"119"电话报警，同时向消防安全责任人或消防安全管理人报告，启动单位内部灭火和应急疏散预案。

7.6.17　消防控制室的值班人员应每两小时记录一次值班情况，值班记录应完整、字迹清晰，保存完好。

7.6.18　设置火灾自动报警系统、消防给水及消火栓系统或自动喷水灭火系统等建筑消防设施的人员密集场所，宜与城市消防远程监控系统联网，传输火灾报警和建筑消防设施运行状态信息。

7.7　火灾隐患整改

7.7.1　人员密集场所应建立火灾隐患整改制度，明确火灾隐患整改责任部门和责任人、整改的程序、时限和所需经费来源、保障措施。

7.7.2　发现火灾隐患，应立即改正；不能立即改正的，应报告上级主管人员。

7.7.3　消防安全管理人或部门消防安全责任人应组织对报告的火灾隐患进行认定，并对整改情况进行确认。

7.7.4 在火灾隐患整改期间，应采取相应的安全保障措施。

7.7.5 对消防救援机构责令限期改正的火灾隐患和重大火灾隐患，应在规定的期限内改正，并将火灾隐患整改情况报送至消防救援机构。

7.7.6 重大火灾隐患不能按期完成整改的，应自行将危险部位停产、停业整改。

7.7.7 对于涉及城市规划布局而不能及时解决的重大火灾隐患，应提出解决方案并及时向其上级主管部门或当地人民政府报告。

7.8 用电防火安全管理

7.8.1 人员密集场所应建立用电防火安全管理制度，明确用电防火安全管理的责任部门和责任人，并应包括下列内容：

a）电气设备的采购要求；

b）电气设备的安全使用要求；

c）电气设备的检查内容和要求；

d）电气设备操作人员的资格要求。

7.8.2 用电防火安全管理应符合下列要求：

a）采购电气、电热设备，应选用合格产品，并应符合有关安全标准的要求；

b）更换或新增电气设备时，应根据实际负荷重新校核、布置电气线路并设置保护措施；

c）电气线路敷设、电气设备安装和维修应由具备职业资格的电工进行，留存施工图纸或线路改造记录；

d）不得随意乱接电线，擅自增加用电设备；

e）靠近可燃物的电器，应采取隔热、散热等防火保护措施；

f）人员密集场所内严禁电动自行车停放、充电；

g）应定期进行防雷检测；应定期检查、检测电气线路、设备，严禁长时间超负荷运行；

h）电气线路发生故障时，应及时检查维修，排除故障后方可继续使用；

ｉ）商场、餐饮场所、公共娱乐场所营业结束时，应切断营业场所内的非必要电源；

ｊ）涉及重大活动临时增加用电负荷时，应委托专业机构进行用电安全检测，检测报告应存档备查。

7.9 用火、动火安全管理

7.9.1 人员密集场所应建立用火、动火安全管理制度，并应明确用火、动火管理的责任部门和责任人，用火、动火的审批范围、程序和要求等内容。动火审批应经消防安全责任人签字同意方可进行。

7.9.2 用火、动火安全管理应符合下列要求：

ａ）人员密集场所禁止在营业时间进行动火作业；

ｂ）需要动火作业的区域，应与使用、营业区域进行防火分隔，严格将动火作业限制在防火分隔区域内，并加强消防安全现场监管；

ｃ）电气焊等明火作业前，实施动火的部门和人员应按照制度规定办理动火审批手续，清除可燃、易燃物品，配置灭火器材，落实现场监护人和安全措施，在确认无火灾、爆炸危险后方可动火作业；

ｄ）人员密集场所不应使用明火照明或取暖，如特殊情况需要时，应有专人看护；

ｅ）炉火、烟道等取暖设施与可燃物之间应采取防火隔热措施；

ｆ）宾馆、餐饮场所、医院、学校的厨房烟道应至少每季度清洗一次；

ｇ）进入建筑内以及厨房、锅炉房等部位内的燃油、燃气管道，应经常检查、检测和保养。

7.10 易燃、易爆化学物品管理

7.10.1 人员密集场所严禁生产或储存易燃、易爆化学物品。

7.10.2 人员密集场所应明确易燃、易爆化学物品使用管理的责任部门和责任人。

7.10.3 人员密集场所需要使用易燃、易爆化学物品时，应根据需求限量使用，存储量不应超过一天的使用量，并应在不使用时予以及时清除，

且应由专人管理、登记。

7.11 消防安全重点部位管理

7.11.1 消防安全重点部位应建立岗位消防安全责任制，并明确消防安全管理的责任部门和责任人。

7.11.2 人员集中的厅（室）以及建筑内的消防控制室、消防水泵房、储油间、变配电室、锅炉房、厨房、空调机房、资料库、可燃物品仓库和化学实验室等，应确定为消防安全重点部位，在明显位置张贴标识，严格管理。

7.11.3 应根据实际需要配备相应的灭火器材、装备和个人防护器材。

7.11.4 应制定和完善事故应急处置操作程序。

7.11.5 应列入防火巡查范围，作为定期检查的重点。

7.12 消防档案

7.12.1 应建立消防档案管理制度，其内容应明确消防档案管理的责任部门和责任人，消防档案的制作、使用、更新及销毁的要求。消防档案应存放在消防控制室或值班室等，留档备查。

7.12.2 消防档案管理应符合下列要求：

a）按照有关规定建立纸质消防档案，并宜同时建立电子档案；

b）消防档案应包括消防安全基本情况、消防安全管理情况、灭火和应急疏散预案演练情况；

c）消防档案的内容应全面反映消防工作的基本情况，并附有必要的图纸、图表；

d）消防档案应由专人统一管理，按档案管理要求装订成册。

7.12.3 消防安全基本情况应包括下列内容：

a）建筑的基本概况和消防安全重点部位；

b）所在建筑消防设计审查、消防验收或消防设计、消防验收备案以及场所投入使用、营业前消防安全检查的相关资料；

c）消防组织和各级消防安全责任人；

d）微型消防站设置及人员、消防装备配备情况；

e）相关租赁合同；

f）消防安全管理制度和保证消防安全的操作规程，灭火和应急疏散预案；

g）消防设施、灭火器材配置情况；

h）专职消防队、志愿消防队人员及其消防装备配备情况；

i）消防安全管理人、自动消防设施操作人员、电气焊工、电工、易燃易爆危险品操作人员的基本情况；

j）新增消防产品质量合格证，新增建筑材料和室内装修、装饰材料的防火性能证明文件。

7.12.4　消防安全管理情况应包括下列内容：

a）消防安全例会记录或会议纪要、决定；

b）消防救援机构填发的各种法律文书；

c）消防设施定期检查记录、自动消防设施全面检查测试的报告、维修保养的记录以及委托检测和维修保养的合同；

d）火灾隐患、重大火灾隐患及其整改情况记录；

e）消防控制室值班记录；

f）防火检查、巡查记录；

g）有关燃气、电气设备检测、动火审批等记录资料；

h）消防安全培训记录；

i）灭火和应急疏散预案的演练记录；

j）各级和各部门消防安全责任人的消防安全承诺书；

k）火灾情况记录；

l）消防奖惩情况记录。

8　消防安全措施

8.1　通用要求

8.1.1　人员密集场所不应与甲、乙类厂房、仓库组合布置或贴邻布置；除人员密集的生产加工车间外，人员密集场所不应与丙、丁、戊类厂房、仓库组合布置；人员密集的生产加工车间不宜布置在丙、丁、戊类厂房、仓库的上部。

8.1.2 人员密集场所设置在具有多种用途的建筑内时，应至少采用耐火极限不低于1.00h的楼板和2.00h的隔墙与其他部位隔开，并应满足各自不同营业时间对安全疏散的要求。人员密集场所采用金属夹芯板材搭建临时构筑物时，其芯材应为A级不燃材料。

8.1.3 生产、储存、经营场所与员工集体宿舍设置在同一建筑物中的，应符合国家工程建设消防技术标准和XF 703的要求，实行防火分隔，设置独立的疏散通道、安全出口。

8.1.4 设置人员密集场所的建筑，其疏散楼梯宜通至屋面，并宜在屋面设置辅助疏散设施。

8.1.5 建筑面积大于400m²的营业厅、展览厅等场所内的疏散指示标志，应保证其指向最近的疏散出口，并使人员在走道上任何位置保持视觉连续。

8.1.6 除国家标准规定应安装自动喷水灭火系统的人员密集场所之外，其他人员密集场所需要设置自动喷水灭火系统时，可按GB 50084的规定设置自动喷水灭火局部应用系统。

8.1.7 除国家标准规定应安装火灾自动报警系统的人员密集场所之外，其他人员密集场所需要设置火灾自动报警系统时，可设置独立式火灾探测报警器，独立式火灾探测报警器宜具备无线联网和远程监控功能。

8.1.8 需要经常保持开启状态的防火门，应采用常开式防火门，设置自动和手动关闭装置，并保证其火灾时能自动关闭。

8.1.9 人员密集场所平时需要控制人员随意出入的安全出口、疏散门或设置门禁系统的疏散门，应保证火灾时能从内部直接向外推开，并应在门上设置"紧急出口"标识和使用提示。可以根据实际需要选用以下方法或其他等效的方法：

a）设置安全控制与报警逃生门锁系统，其报警延迟时间不应超过15s；

b）设置能远程控制和现场手动开启的电磁门锁装置；当设置火灾自动

报警系统时，应与系统联动；

c）设置推闩式外开门。

8.1.10　人员密集场所内的装饰材料，如窗帘、地毯、家具等的燃烧性能应符合GB 50222的规定。

8.1.11　人员密集场所可能泄漏散发可燃气体或蒸气的场所，应设置可燃气体检测报警装置。

8.1.12　人员密集场所内燃油、燃气设备的供油、供气管道应采用金属管道，在进入建筑物前和设备间内的管道上均应设置手动和自动切断装置。

8.2　宾馆

8.2.1　宾馆前台和大厅配置对讲机、喊话器、扩音器、应急手电筒、消防过滤式自救呼吸器等器材。

8.2.2　高层宾馆的客房内应配备应急手电筒、消防过滤式自救呼吸器等逃生器材及使用说明，其他宾馆的客房内宜配备应急手电筒、消防过滤式自救呼吸器等逃生器材及使用说明，并应放置在醒目位置或设置明显的标志。应急手电筒和消防过滤式自救呼吸器的有效使用时间不应小于30min。

8.2.3　客房内应设置醒目、耐久的"请勿卧床吸烟"提示牌和楼层安全疏散及客房所在位置示意图。

8.2.4　客房层应按照有关建筑消防逃生器材及配备标准设置辅助逃生器材，并应有明显的标志。

8.3　商场

8.3.1　商场、市场建筑之间不应设置连接顶棚；当必须设置时，应符合下列要求：

a）消防车通道上部严禁设置连接顶棚；

b）顶棚所连接的建筑总占地面积不应超过2500m²；

c）顶棚下面不应设置摊位，放置可燃物；

d）顶棚材料的燃烧性能不应低于GB 50222规定的B_1级；

e）顶棚四周应敞开，其高度应高出建筑檐口或女儿墙顶1.0m以上，其自然排烟口面积不应低于顶棚地面正投影面积的25%。

8.3.2 设置于商场内的库房应采用耐火极限不低于3.00h的隔墙与营业、办公部分完全分隔，通向营业厅的开口应设置甲级防火门。

8.3.3 商场内的柜台和货架应合理布置，营业厅内的疏散通道设置应符合JGJ 48的规定，并应符合下列要求：

a）营业厅内主要疏散通道应直通安全出口；

b）营业厅内通道的最小净宽度应符合JGJ 48的相关规定；

c）疏散通道及疏散走道的地面上应设置保持视觉连续的疏散指示标志；

d）营业厅内任一点至最近安全出口或疏散门的直线距离不宜大于30m，且行走距离不应大于45m。

8.3.4 营业厅内的疏散指示标志设置应符合下列要求：

a）应在疏散通道转弯和交叉部位两侧的墙面、柱面距地面高度1.0m以下设置灯光疏散指示标志；有困难时，可设置在疏散通道上方2.2m~3.0m处；疏散指示标志的间距不应大于20m；

b）灯光疏散指示标志的规格不应小于0.5m×0.25m；

c）总建筑面积大于5000m²的商场或建筑面积大于500m²的地下或半地下商店，疏散通道的地面上应设置视觉连续的灯光或蓄光疏散指示标志；其他商场，宜设置灯光或蓄光疏散指示标志。

8.3.5 营业厅的安全疏散路线不应穿越仓库、办公室等功能性用房。

8.3.6 营业厅内食品加工区的明火部位应靠外墙布置，并应采用耐火极限不低于2.00h的隔墙、乙级防火门与其他部位分隔。敞开式的食品加工区，应采用电加热器具，严禁使用可燃气体、液体燃料。

8.3.7 防火卷帘门两侧各0.3m范围内不得放置物品，并应用黄色标识线划定范围。

8.3.8 设置在商场、市场内的中庭不应设置固定摊位，放置可燃物等。

8.4 公共娱乐场所

8.4.1 公共娱乐场所的每层外墙上应设置外窗（含阳台），间隔不应大于20.0m。每个外窗的面积不应小于1.0m²，且其短边不应小于1.0m，窗口下沿距室内地坪不应大于1.2m。

8.4.2　使用人数超过20人的厅、室内应设置净宽度不小于1.1m的疏散通道，活动座椅应采用固定措施。

8.4.3　疏散门或疏散通道上、疏散走道及其尽端墙面上、疏散楼梯，不应镶嵌玻璃镜面等影响人员安全疏散行动的装饰物。疏散走道上空不应悬挂装饰物、促销广告等可燃物或遮挡物。

8.4.4　休息厅、录像放映、卡拉OK及其包房内应设置声音或视频警报，保证在发生火灾时能立即将其画面、音响切换到应急广播和应急疏散指示状态。

8.4.5　各种灯具距离窗帘、幕布、布景等可燃物不应小于0.50m。

8.4.6　场所内严禁使用明火进行表演或燃放各类烟花。

8.4.7　营业时间内和营业结束后，应指定专人进行消防安全检查，清除烟蒂等遗留火种，关闭电源。

8.5　学校

8.5.1　图书馆、教学楼、实验楼和集体宿舍的疏散走道不应设置弹簧门、旋转门、推拉门等影响安全疏散的门。疏散走道、疏散楼梯间不应设置卷帘门、栅栏等影响安全疏散的设施。

8.5.2　集体宿舍值班室应配置灭火器、喊话器、消防过滤式自救呼吸器、对讲机等消防器材。

8.5.3　集体宿舍严禁使用蜡烛、酒精炉、煤油炉等明火器具；使用蚊香等物品时，应采取保护措施或与可燃物保持一定的距离。

8.5.4　宿舍内不应卧床吸烟和乱扔烟蒂。

8.5.5　建筑内设置的垃圾桶（箱）应采用不燃材料制作，并设置在周围无可燃物的位置。

8.5.6　宿舍内严禁私自接拉电线，严禁使用电炉、电取暖、热得快等大功率电器设备，每间集体宿舍均应设置用电过载保护装置。

8.5.7 集体宿舍应设置醒目的消防安全标志。

8.6 医院的门诊楼、病房楼，老年人照料设施、托儿所、幼儿园及儿童活动场所

8.6.1 严禁违规储存、使用易燃易爆危险品，严禁吸烟和违规使用明火。

8.6.2 严禁私拉乱接电气线路、超负荷用电，严禁使用非医疗、护理、保教保育用途大功率电器。

8.6.3 门诊楼、病房楼的公共区域以及病房内的明显位置应设置安全疏散指示图，指示图上应标明疏散路线、疏散方向、安全出口位置及人员所在位置和必要的文字说明。

8.6.4 病房楼内的公共部位不应放置床位和留置过夜，不得放置可燃物和设置影响人员安全疏散的障碍物。

8.6.5 病房内氧气瓶应及时更换，不应积存。采用管道供氧时，应经常检查氧气管道的接口、面罩等，发现漏气应及时修复或更换。

8.6.6 病房楼内的氧气干管上应设置手动紧急切断气源的装置。供氧、用氧设备及其检修工具不应沾染油污。

8.6.7 重症监护室应自成一个相对独立的防火分区，通向该区的门应采用甲级防火门。

8.6.8 病房、重症监护室宜设置开敞式的阳台或凹廊。

8.6.9 护士站内存放的酒精、乙酸等易燃、易爆危险物品应由专人负责，专柜存放，并应存放在阴凉通风处，远离热源、避免阳光直射。

8.6.10 老年人照料设施、托儿所、幼儿园及儿童活动场所的厨房、烧水间应单独设置或采用耐火极限不低于2.00h的防火隔墙与其他部位分隔，墙上的门、窗应采用乙防火门、窗。

8.7 体育场馆、展览馆、博物馆的展览厅等场所

8.7.1 举办活动时，应制订相应的消防应急预案，明确消防安全责任人；大型演出或比赛等活动期间，配电房、控制室等部位应安排专人值

守。活动现场应配备齐全消防设施，并有专人操作。

8.7.2 场馆内的灯光疏散指示标志的规格不应小于0.85m×0.30m。

8.7.3 需要搭建临时建筑时，应采用燃烧性能不低于B₁级的材料。临时建筑与周围建筑的间距不应小于6.0m。临时建筑应根据活动人数满足安全出口数量、宽度及疏散距离等安全疏散要求，配备相应消防器材，有条件的可设置临时消防设施。

8.7.4 展厅等场所内的主要疏散通道应直通安全出口，其宽度不应小于5.0m，其他疏散通道的宽度不应小于3.0m。疏散通道的地面应设置明显标识。

8.7.5 布展时，不应进行电气焊等动火作业；必须进行动火作业时，动火现场应安排专人监护并采取相应的防护措施。

8.7.6 展览馆内设置的餐饮区域，应相对独立，不应使用明火。

8.8 人员密集的生产加工车间、员工集体宿舍

8.8.1 生产车间内应保持疏散通道畅通，通向疏散出口的主要疏散通道的宽度不应小于2.0m，其他疏散通道的宽度不应小于1.5m，且地面上应设置明显的标示线。

8.8.2 车间内中间仓库的储量不应超过一昼夜的使用量。生产过程中的原料、半成品、成品，应按火灾危险性分类集中存放，机电设备周围0.5m范围内不得放置可燃物。消防设施周围，不得设置影响其正常使用的障碍物。

8.8.3 生产加工中使用电熨斗等电加热器具时，应固定使用地点，并采取可靠的防火措施。

8.8.4 应按操作规程定时清除电气设备及通风管道上的可燃粉尘、飞絮。

8.8.5 不应在生产加工车间、员工集体宿舍内擅自拉接电气线路、设置炉灶。员工集体宿舍应符合下列要求：

a）人均使用面积不应小于4.0m²；

b）宿舍内的床铺不应超过2层；

c）每间宿舍的使用人数不应超过12人；

d）房间隔墙的耐火极限不应低于1.00h，且应砌至梁、板底；

e）内部装修应采用燃烧性能不低于B₁级的材料。

9 灭火和应急疏散预案编制和演练

9.1 预案

9.1.1 人员密集场所应根据人员集中、火灾危险性较大和重点部位的实际情况，按照GB/T 38315制订有针对性的灭火和应急疏散预案。

9.1.2 预案内容应包括下列内容：

a）单位的基本情况，火灾危险分析；

b）火灾现场通信联络、灭火、疏散、救护、保卫等应由专门机构或专人负责，并明确各职能小组的负责人、组成人员及各自职责；

c）火警处置程序；

d）应急疏散的组织程序和措施；

e）扑救初起火灾的程序和措施；

f）通信联络、安全防护和人员救护的组织与调度程序、保障措施。

9.2 组织机构

9.2.1 人员密集场所应成立由消防安全责任人或消防安全管理人负责的火灾事故应急指挥机构，担负消防救援队到达之前的灭火和应急疏散指挥职责。

9.2.2 人员密集场所应成立由当班的消防安全管理人、部门主管人员、消防控制室值班人员、保安人员、志愿消防队员及其他在岗的从业人员组成的职能小组，接受火灾事故应急指挥机构的指挥，承担灭火和应急疏散各项职责。职能小组设置和职责分工如下：

a）通信联络组：负责与消防安全责任人和当地消防救援机构之间的通信和联络；

b）灭火行动组：发生火灾，立即利用消防器材、设施就地扑救火灾；

c）疏散引导组：负责引导人员正确疏散、逃生；

d）防护救护组：协助抢救、护送伤员；阻止与场所无关人员进入现场，保护火灾现场，协助消防救援机构开展火灾调查；

e）后勤保障组：负责抢险物资、器材器具的供应及后勤保障。

9.3 预案实施程序

确认发生火灾后，应立即启动灭火和应急疏散预案，并同时开展下列工作：

——向消防救援机构报火警；

——各职能小组执行预案中的相应职责；

——组织和引导人员疏散，营救被困人员；

——使用消火栓等消防器材、设施扑救初起火灾；

——派专人接应消防车辆到达火灾现场；

——保护火灾现场，维护现场秩序。

9.4 预案的宣贯和完善

9.4.1 人员密集场所应定期组织员工和承担有灭火、疏散等职责分工的相关人员熟悉灭火和应急疏散预案，并通过预案演练，逐步修改完善。遇人员变动或其他情况，应及时修订单位灭火和应急疏散预案。

9.4.2 大型多功能公共建筑、地铁和建筑高度大于100m的公共建筑等，应根据需要邀请有关专家对灭火和应急疏散预案进行评估、论证。

9.5 消防演练

9.5.1 目的

9.5.1.1 检验各级消防安全责任人，各职能组和有关工作人员对灭火和应急疏散预案内容、职责的熟悉程度。

9.5.1.2 检验人员安全疏散、初起火灾扑救、消防设施使用等情况。

9.5.1.3 检验在紧急情况下的组织、指挥、通信、救护等方面的能力。

9.5.1.4 检验灭火应急疏散预案的实用性和可操作性。

9.5.2 组织

9.5.2.1 宾馆、商场、公共娱乐场所，应至少每半年组织一次消防演练；其他场所，应至少每年组织一次。

9.5.2.2　选择人员集中、火灾危险性较大和重点部位作为消防演练的目标，每次演练应选择不同的重点部位作为消防演练目标，并根据实际情况，确定火灾模拟形式。

9.5.2.3　消防演练方案可报告当地消防救援机构，邀请其进行业务指导。

9.5.2.4　在消防演练前，应通知场所内的使用人员积极参与；消防演练时，应在建筑入口等明显位置设置"正在消防演练"的标志牌，避免引起公众慌乱。

9.5.2.5　消防演练开始后，各职能小组应按照计划实施灭火和应急疏散预案。

9.5.2.6　在模拟火灾演练中，应落实火源及烟气的控制措施，防止造成人员伤害。

9.5.2.7　大型多功能公共建筑、地铁和建筑高度大于100m的公共建筑等，应适时与当地消防救援队伍组织联合消防演练。

9.5.2.8　演练结束后，应及时进行总结，并做好记录。

10　火灾事故处置与善后

10.1　建筑发生火灾后，应立即启动灭火和应急疏散预案，组织建筑内人员立即疏散，并实施火灾扑救。

10.2　建筑发生火灾后，应保护火灾现场。消防救援机构划定的警戒线范围是火灾现场保护范围；尚未划定时，应将火灾过火范围以及与发生火灾有关的部位划定为火灾现场保护范围。

10.3　不应擅自进入火灾现场或移动火场中的任何物品。

10.4　未经消防救援机构同意，不应擅自清理火灾现场。

10.5　火灾事故相关人员应主动配合接受事故调查，如实提供火灾事故情况，如实申报火灾直接财产损失。

10.6　火灾调查结束后，应总结火灾事故教训，及时改进消防安全管理。

附 录 A

（资料性）

防火巡查记录表格

防火巡查记录表示例见表A.1。

表A.1 防火巡查记录表示例

巡查人员：

序号	部位*	时间	存在问题	备注
1				
2				
3				
4				
5				
6				
7				
8				
9				
10				

* 防火巡查至少包括下列内容：

a）用火、用电有无违章情况；

b）安全出口、疏散通道是否畅通，有无锁闭；安全疏散指示标志、应急照明是否完好；

c）常闭式防火门是否保持常闭状态，防火卷帘下是否堆放物品；

d）消防设施、器材是否在位、完整有效。消防安全标志是否完好清晰；

e）消防安全重点部位的人员在岗情况；

f）消防车通道是否畅通；

g）其他消防安全情况。

附 录 B

（资料性）

防火检查记录表格

防火检查记录表示例见表B.1。

表B.1　防火检查记录表示例

检查人员：　　　　　　　　　　　检查时间：

序号	部位*	存在问题	备注
1			
2			
3			
4			
检查情况			

*防火检查至少包括下列内容：

a）消防车通道、消防车登高操作场地、消防水源；

b）安全疏散通道、疏散走道、楼梯，安全出口及其疏散指示标志、应急照明；

c）消防安全标志的设置情况；

d）灭火器材配置及完好情况；

e）楼板、防火墙和竖井孔洞的封堵情况；

f）建筑消防设施运行情况；

g）消防控制室值班情况、消防控制设备运行情况和记录；

h）用火、用电有无违规违章情况；

i）消防安全重点部位的管理；

j）微型消防站设置、值班值守情况，以及人员、装备配置情况；

k）防火巡查落实情况和记录；

l）火灾隐患的整改以及防范措施的落实情况；

m）消防安全重点部位人员以及其他员工消防知识的掌握情况。